# ソムリエが出会った16の極上ペアリング

石田 博

*Hiroshi Ishida*

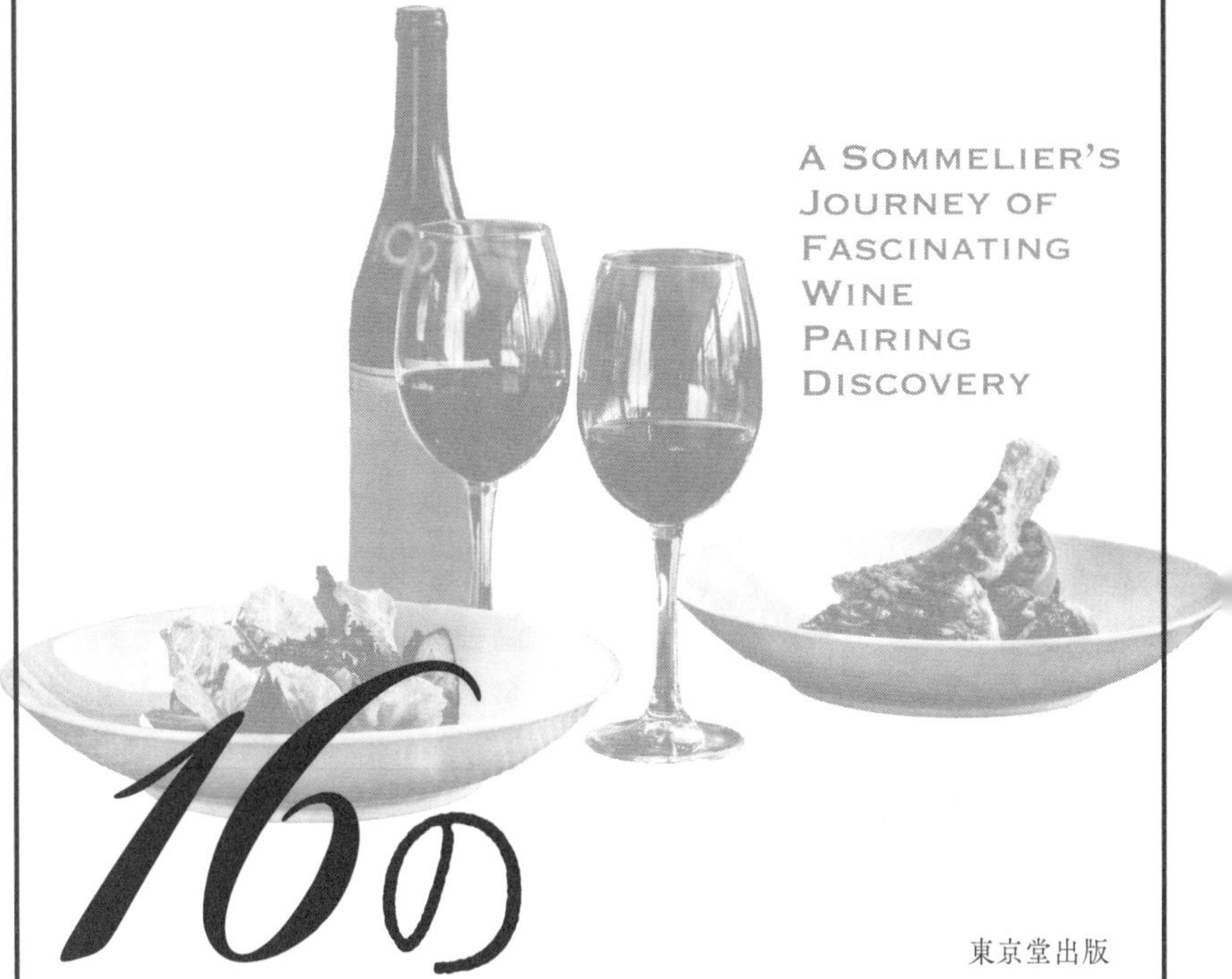

A SOMMELIER'S JOURNEY OF FASCINATING WINE PAIRING DISCOVERY

東京堂出版

# はじめに

ワインには様々な楽しみがあります。

まずは、味わう楽しみです。ワインには甘み、酸味、苦味、塩味、旨味、そして渋みと、あらゆる味覚要素が含まれます。加えて、大変芳香豊かです。そして、産地によって、その年の気候によって、造り手によって、特徴が大きく違います。さらにその味わいは熟成により変化していきます。こんなにも芳醇《ほうじゅん》な飲み物は、他にそうはありません。

次に、学ぶ楽しみがあります。ワインに興味を持つと、その背景をもっと知りたくなります。その結果、歴史や地理、その地の文化を学ぶことにつながっていきます。さらに植物学や化学、地質学など専門的な知識を身につけることもできます。勉強好きの方がワインにはまるのは、そんな側面があるからでしょう。

そして、食べる楽しみです。ワインはキリスト教の普及に伴い、キリスト教には欠かせない飲み物として、全世界に広まりました。同時に料理をより美味しく、食卓をより楽しくする飲み物として、その真価を大いに発揮してきました。

「今日の肉料理と合うワインはなんですか？」

お客様から大変よく聞かれる質問（というよりも、ほとんど決まり文句のようなものかもしれません）です。

ソムリエの仕事に就いていると、ワインに興味のない友人や知人からも、「魚には白、肉には赤なんでしょう？」とよく聞かれます。ワインを飲む人も飲まない人も、「ワインには料理との相性がある」ことは知っています。この相性のことを、以前はフランス語で「マリアージュ」と呼んでいましたが、ワインの世界の公用語が英語になるにつれ、「ペアリング」といわれるようになりました。フランス語を使うという気恥ずかしさがなくなったせいか、ペアリングという言葉は急速に広まりました。

生産者、輸入・仲介専門業者、ジャーナリスト、講師、通訳など、ワインには様々なプロフェッショナルがいますが、料理との相性について専門とするのはソムリエだけです。ソムリエにとって最も重要な仕事は、料理と合うワインを提案すること、つまりペアリングです。日本人はセオリーに則るほうが安心する性分の方が多いので、魚料理には白、肉料理には赤がよいですよ、とお勧めするほうが納得される場合が少なくありません。実際本場フランスでも、魚料理には白、肉料理には赤を選ばれる方が圧倒的に多いです。脂肪分、タンパク質が多く含まれる肉料理には、渋み（ポリフェノール）を持つ赤ワインのほうが相乗しやすいといわれます。また、コクのある肉汁や赤ワインの濃厚なソースがかけられることで、風味がより豊かな赤ワインとさらに合うようになります。

ペアリングにはいくつかパターンがあります。

## 互いの風味、強弱を合わせる

ハーブ風味の料理にハーブの香りを持つワイン、スパイシーな料理にスパイスの香りを持つワイン、という合わせ方です。ソムリエは主にこのパターンを使います。緑色をした前菜に、グリーンを帯びた色の白ワイン。濃厚なブラウン色の料理に黒みを帯びた濃い色調の赤ワインというように、色で合わせるアプローチもあります。

## 相反する風味を合わせる

類似する風味を持たないもの同士を合わせる。スパイシーな料理にフルーティーなワイン、フレッシュな魚介を使った料理に甘口ワインといった感じです。好みが分かれるのであまりお勧めしませんが、コース料理と何種類ものワインを合わせるときに、流れに変化をつけるためにこういった組み合わせを入れることがあります。

## 地方料理とその土地のワイン

主にヨーロッパのワイン伝統国に見られる普遍的なペアリングで、フランスのボルドー地方の料理とボルドーのワイン、イタリアのトスカーナ州の料理とトスカーナのワインという合わせ方です。

オリジナリティがない、当たり前すぎると、避けるソムリエも多いようですが、私はこの「地方料理とその土地のワイン」をペアリングの軸として大切にしています。どんなに優秀なソムリエがその類い稀なセンスと創造性で考え出したとしても、これを凌駕《りょうが》するペアリングはないと信じています。

なぜそこまで思うようになったのか。

本当に地方料理とその土地のワインとのペアリングは当たり前でつまらないものなのか。

本書では、私の約30年にわたる「ソムリエの旅」をご紹介します。そこで出会った様々なペアリングの体験こそ、今の私の原点ともいえるものなのです。その体験を読者のみなさんと共有できればと思い、筆をとりました。

ソムリエの旅をお楽しみいただければ幸いです。

それでは、出発しましょう。

index

ソムリエが出会った16の極上ペアリング


はじめに　1

第1章　フィレンツェのTボーンステーキ　キャンティ……11

ワイン豆知識1　よいワイン　21

第2章　ブルゴーニュのマッシュルーム、ベーコン、小玉ねぎ　ジュヴレ・シャンベルタン……23

ワイン豆知識2　余韻　35

第3章　ボルドーの生牡蠣　ポーイヤック……37

第4章
シャンパーニュのビスケット
シャンパーニュ ブラン・ドゥ・ブラン …… 51
ワイン豆知識 3 ワインの飲み頃 49
ワイン豆知識 4 ワインの熟成 67

第5章
マルセイユのブイヤベース
カシィ …… 69
ワイン豆知識 5 難しいヴィンテージ 81

第6章
バニュルスのマルミット
コリウール …… 83
ワイン豆知識 6 バースデーヴィンテージ 95

第7章 ボージョレの鶏肉 フルーリー …… 97
ワイン豆知識7 テロワール 112

第8章 ジェラール・マルジョンさんのペアリング理論 …… 113
ワイン豆知識8 ミネラル 127

第9章 オレゴンのサーモン ウィラメット・ヴァレー ピノ・ノワール …… 129
ワイン豆知識9 旨味 142

第10章 アデレードのアジアン ゲヴュルツトラミナー、ルーサンヌ、グルナッシュ …… 143

ワイン豆知識 10　慎ましい現代のワイン　158

第11章
サンティアゴのウニ
レイダ・ヴァレー ソーヴィニヨン・ブラン　159
ワイン豆知識 11　テクスチュア　171

第12章
ラ・マンチャの乳飲み仔羊
テンプラニーリョ　173
ワイン豆知識 12　和食とワイン　187

第13章
リオハのタパス
リオハ　189
ワイン豆知識 13　嬉しいコメント　201

第14章 メンドサのミックスグリル マルベック …… 203
ワイン豆知識14 ワイングラス 212

第15章 ウィーンのカツレツ グリューナー・フェルトリナー …… 213
ワイン豆知識15 グラスの回し方 227

第16章 ジョージアの歓待 ルカツィテリ・クヴェヴリ …… 229
ワイン豆知識16 ワイントーク 243

おわりに 244

第1章

# フィレンツェのTボーンステーキ

キャンティ

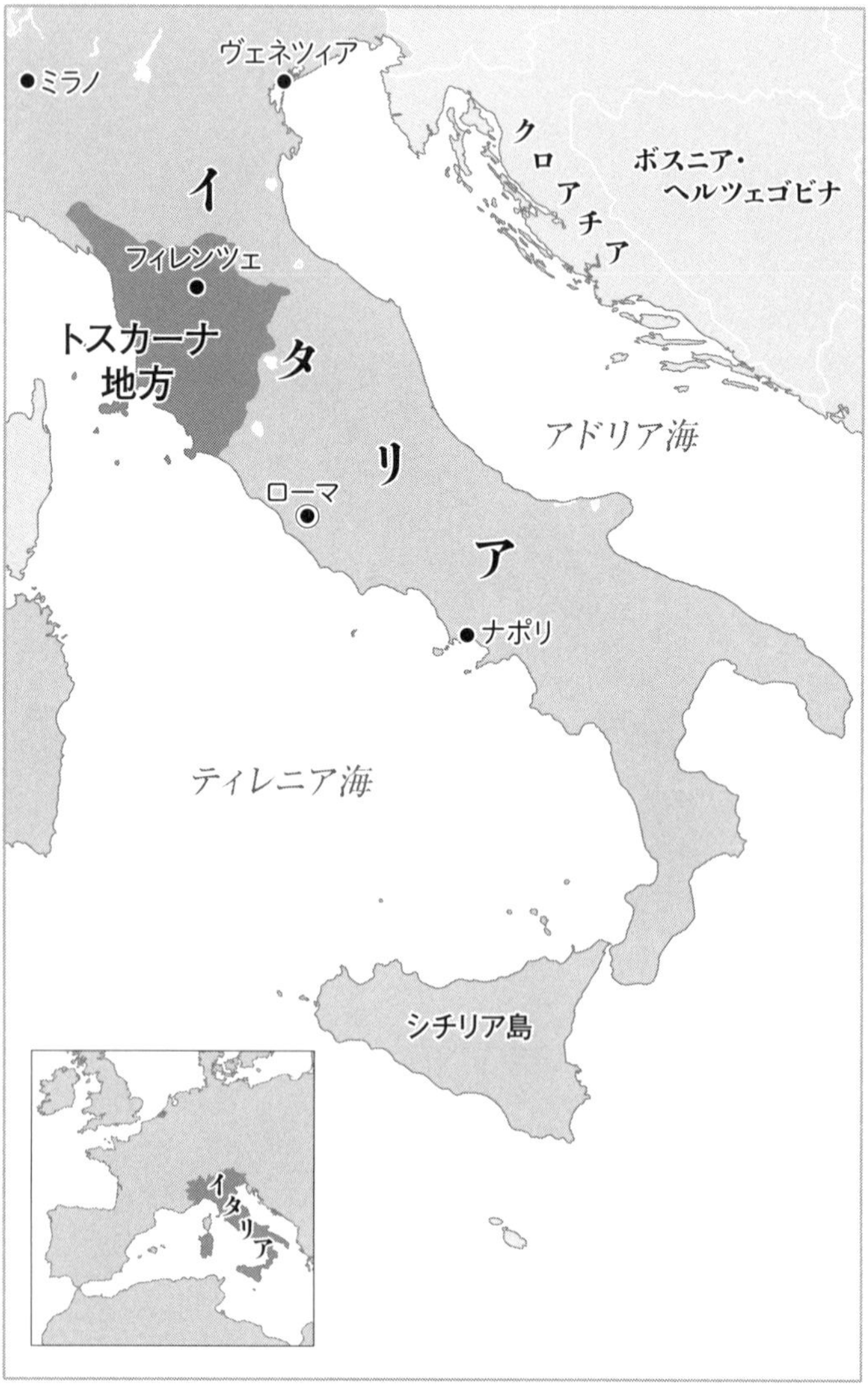
ミラノ
ヴェネツィア
イタリア
クロアチア
ボスニア・
ヘルツェゴビナ
フィレンツェ
トスカーナ
地方
アドリア海
ローマ
ナポリ
ティレニア海
シチリア島
イタリア

## キャンティ

新卒でホテルに入社して3年目の1992年末、ソムリエの道に進んで本当によいのかまだはっきりしていない頃のことです。公私ともに大変お世話になっていた先輩から、毎年恒例の奥様とのフランス旅行に一緒に行かないかと誘われました。ボーナスの使い道が決まっていなかった私は、断る理由もなく、同行を願い出ました。

旅程はパリが中心でしたが、同じ年にホテルのフェアでご一緒したミラノの三つ星レストランでも食事をしようと、2日間イタリアにも足を延ばすことになりました。

今となってはよくは覚えていませんが、当時私は「トスカーナに行きたい」と強く思っていたのです。あてなどありません。キャンティという赤ワインがあるくらいの知識でした。

ミラノでのディナーの翌朝、先輩夫婦と別れ、1人フィレンツェに向かいました。とてもワクワクしていたせいか、あっという間に着いたような気がしました。改札を抜けると、未知の世界に足を踏み入れた、そんな高揚感に包まれます。どこに行くかなど、なにも決まっていません。「ブドウ畑は見られるのかな?」と、なんとものんきなことを考えながら、ブラブラと歩いていきました。

遠方に、丸い、真紅の屋根が見えたので「あそこを目指せば何かあるかもしれない」と思い、足を進めて行きます。ドゥオモ教会です。ミラノでもドゥオモ教会の周辺はとても賑わっていたからです。近づくにつれ、人が増えてきました。屋台がいくつも見えます。革製品が軒先に下がっていました。「なんで革なんだろう?」と、なんともトボけたことを思っていました。トスカーナが革製品で大変有名なことを知ったのは、随分後のことだったのです。

今だったら、こんな調子で旅行に出かける後輩や部下を見つけたら、強く説教するでしょう。何が名産で、ブドウ畑の行き方も知らずに、「トスカーナに行ってきた!」だなんて、とんでもない話だと。

けれど、1つだけ決まっている目的がありました。フィレンツェ風の料理を食べることです。当時勤めていたレストランはイタリア料理のフェアを大々的に行っていたので、イタリア料理の本は何冊も読んでいました。しかし、「○○風」と付く料理が多く、それがなんなのかよく理解できていなかったのです。「本場で食べるしかない」。そう思っていたのでしょう。

広場に面したレストラン(「タベルナ」)をいくつか眺めながら歩いていると、ありました、「ビステッカ・フィオレンティーナ」と店先に大きく記された文字。迷わず入ると、

## キャンティ

店内は暗く、奥の暖炉が怪しげな雰囲気を醸し出しています。メニューを見ていると、いくつもの料理に「フィオレンティーナ（フィレンツェ風の）」の名が付けられているのに気付きます。「これが、イタリア料理の『○○風』の所以《ゆえん》だな」と思いつつ、まずビステッカを注文することにしました。ちなみにビステッカとは、イタリア語でビーフステーキのことです。

早速注文すると「大きな塊を炭火で焼くから時間がかかりますよ。40分くらいかな」とのこと。そこで、なんだかわからなかったのですが「ズッパ・フィオレンティーナ」というものを頼んでみました。これは、インゲン豆たっぷりのトマトスープでした。

さてワインを注文しよう。ビステッカに合う定番はなんだろう？　と思いながら「ワインリストください」と声をかけると、「ボトル？　ハーフ？」とだけ聞かれました。「えっ⁉　そこから？」と戸惑いながらも、1人でボトルは無理なので、「ハーフ」と答えると、サッと暖炉の上にあったハーフボトルを持ってきて開けて、サーブしてくれました。

そのワインは、キャンティでした。それしか覚えていません。むしろ、店の人のそのいさぎよさに「ビステッカといえば、キャンティしかないんだ」と、感心させられました。

そんなど素人のアジアの観光客にも、店の人たちはとても感じがよく、優しく接してくれました。

しっかり40分以上待った後、皿からはみ出すほどの大きなTボーンステーキが運ばれてきました。このヴォリュームに負けるかと、妙な闘争心に駆り立てられ、食べて、飲みました。そして、「これがフィレンツェの食文化だ！」と、来た意義を勝手に大義にしていました。

これが私の初めての「ペアリング」であり、トスカーナの人たちの「普段メシとデイリーワイン」を味わう初めての体験です。美味しかったかどうかは思い出せません。でも、その組み合わせが、とても自然であったことは覚えています。非常にリラックスしていて、こだわりというよりもむしろ、地元ならではの日常の雰囲気を体感できたように思います。

「ハーフか、ボトルか」は、「ここに来たら、これ飲んでよ」というメッセージであって、これが長い時間をかけてこの土地で育まれてきた食とワインの最良の組み合わせなんだと理解しました。

それ以来、今日でも、ビステッカといえばキャンティだと信じています。

「合わない？　それは申し訳ありません。でも、これがフィレンツェなんです」

これが私の地方料理とその地元のワインを味わう旅の始まりとなりました。

## キャンティ *Chianti*

キャンティはイタリアで最も有名な赤ワインです。キャンティと名の付くレストランが日本にも何軒もあることからその知名度の高さがうかがい知れます。フィレンツェを起点としてトスカーナ中央部にブドウ畑が広がります。その中心部の畑から生まれるものを「キャンティ・クラシコ」と呼びます。ワインは別格で、味わいは力強いものです。

ワインのボトルネックのところに黒いニワトリのロゴの入ったステッカーが貼られています。これは、中世、キャンティ・クラシコを挟んで向かい合うシエナとフィレンツェが、領土の境界線を決めるために、黒い鶏の一番鶏の声とともにそれぞれの領地を出発し、両者が出会ったところを国境としたという逸話からきています。

ブドウ品種はサンジョベーゼ。大変香りの豊かなワインとなり、サワーチェリーからブルーベリー、スイートスパイスに真紅の花、土っぽさも加わり、渋みも豊富に感じられます。イタリアの広範囲で栽培されていますが、真髄はやはりトスカーナです。このブドウで造られるワインの代名詞が、キャンティです。

キャンティはサンジョベーゼを主体に伝統的に他の土着品種や白ブドウをブレンドしますが、キャンティ・クラシコはサンジョベーゼの比率が高く、100%のところもあります。

キャンティのブレンドはカベルネやメルローが認められています。熟成はキャンティが最低4ヵ月なのに対し、キャンティ・クラシコは最低11ヵ月と長く、同じキャンティの名が付いていますが別物と考えた方がいいでしょう。しかしすべてのキャンティがキャンティ・クラシコに劣るわけではなく、区画名が記された良質なキャンティもあります。

## キャンティと楽しめる料理

フィレンツェというと、トマト、ラビオリ、ラザーニャ、リッボリータ（野菜煮込み)、スネ肉煮込み、クロスティーニ(レバーパテなどのカナッペ)など、郷土料理の宝庫です。

素材でいうと、トマト、白インゲン豆、ほうれん草が名脇役です。これらの素材を添えることで、キャンティとのハーモニーはしっくりと自然になじみ、トスカーナのご馳走となります。調理法はやはり炭火焼きです。BBQには最適な赤ワインです。

- 炭火焼きステーキ、またはハンバーグ
- チーズラビオリ、またはラザーニャ・トマトソース
- ホルモン煮込み
- ビーフ(スネ肉)シチュー
- レバーとほうれん草ソテー
- レバーとひよこ豆のトマト煮

# キャンティのお勧め生産者

- バローネ・リカソリ（*Barone Ricasoli*）
- カステッロ・ディ・アマ（*Castello di Ama*）
- イゾレ・エ・オレナ（*Isole e Olena*）
- フォンテルトリ（*Fontelutori*）
- フェルシナ（*Felsina*）
- ラモーレ・ディ・ラモーレ（*Lamole de Lamole*）

bits of knowledge

ワイン豆知識 1

# よいワイン

「何万円もする高いワインは美味しいのですか？」最も初歩的で、率直で、深い質問です。同じ産地、同じブドウ品種、値段が倍以上するワインについて、誰にとっても明解で説得力のある説明をするのは簡単ではありません。ワインによって価格に差がある理由は様々ですが、実は、根本は同じところにあります。

よいワインを造る要素は、4つあります。①ワイン用ブドウの栽培に適した気候②良質なブドウを生む畑（産地）③気候、産地に適したブドウ品種④上記を踏まえた仕事（栽培、醸造、熟成）をする造り手。

これらの条件がすべて揃っているのが「よいワイン」です。高額なワインは必ずこれらの条件を兼ね備えています。そして、さらに高いレベルにあり、生産量が限定的で、他には見られない優位性（環境、歴史、伝統）を持った産地のものが超高額のワインとなり、その代表格が、ロマネ・コンティです。つまり、「よいワイン」と「美味しさ」は直接関連はしていないのです。美味しさは個々が感じることで、よいワインとは、そのワインを造り上げた具体的な条件を意味しています。

第2章

# ブルゴーニュのマッシュルーム、ベーコン、小玉ねぎ

ジュヴレ・シャンベルタン

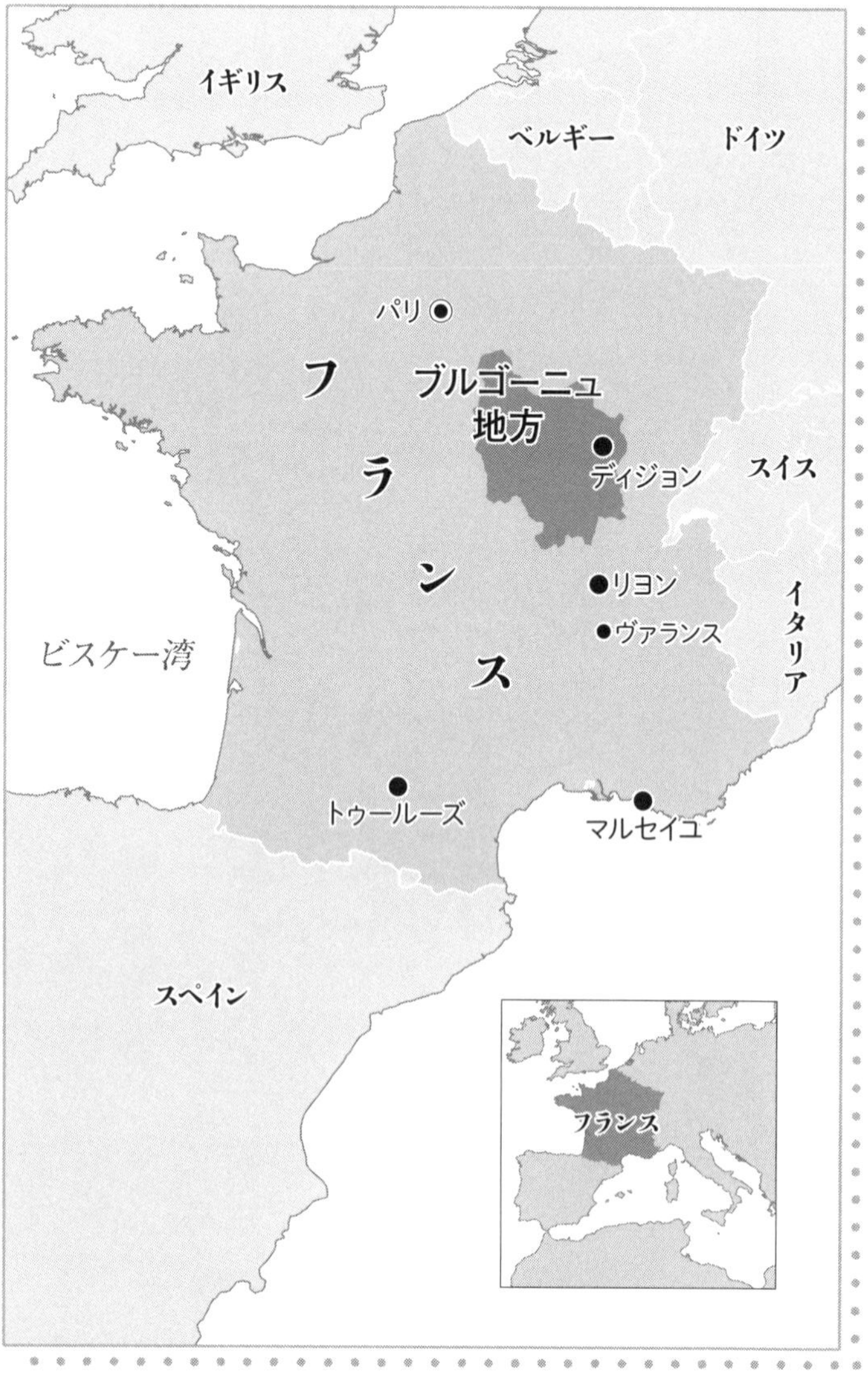
イギリス
ベルギー
ドイツ
パリ
フランス
ブルゴーニュ地方
ディジョン
スイス
リヨン
ヴァランス
イタリア
ビスケー湾
トゥールーズ
マルセイユ
スペイン
フランス

初めての海外旅行から数年後のことです。当時勤めていたホテルニューオータニのフランス料理店「ラ・トゥール・ダルジャン」の後輩とともにフランスワインツアーに行くことになりました。

今度は連れて行く立場ですから、旅程をしっかり組まなくてはなりません。お世話になっていたワイン輸入商社の方にワイナリー訪問のアポイントをとってもらい、旅程を詰めていきました。

最初の訪問地はブルゴーニュ、次いでローヌ地方、さらにプロヴァンスまで南下し、モンテカルロのレストラン「ルイ・キャーンズ」でディナーをとり、パリに戻って帰国、という内容です。

まずは憧れのブルゴーニュへ。パリから高速列車TGVに乗って1時間半ほどで着く、フランス中部の町ディジョンが起点となります。ディジョンはブルゴーニュ地方の中心都市で、古い街並みが多く残っていることでも知られています。

さてディジョンに着くと、早速ワクワクしながら最初のアポイント先に向かいました。ところが、あらかじめ調べておいたあてどころには、市内を探せども探せども、辿り着きません。道を聞きながら、やっとのことでオフィスを見つけると、そこには誰もいませんでした。

「アポイント、入ってなかったのかな」と不安になりましたが、それもそのはず、そこは営業所のようなところで、ワイナリーはディジョンのような市街地にはないのです。ディジョンにブドウ畑などあるはずないのに……。名門フレンチレストランで働き、ソムリエ資格を取っていても、フィレンツェをただ散策していたときとなんら成長がありませんでした。

仕方なくレンタカーを借りて、ディジョンから南西に37キロメートルほどのところにあるボーヌに向かうことにしました。ここに宿をとっていたのです。

ところが今度は、レンタカー営業所が見つかりません。当時（1995年）は、英語を話す人はあまりおらず、それでなくてもお粗末な英語しか話せない日本人に道を教えるのは難儀だったことでしょう。そして数日後レンタカーを返そうにも今度は返却場所がわからず、結局、次の目的地であるローヌ地方のヴァランス行きの列車には乗り遅れ、次の列車は深夜着。ヴァランスの三ッ星レストラン「ピック」でのディナーはキャンセルせざるを得ない始末。本当に散々なブルゴーニュツアーでした。

でも今思うとこの経験は、「世界を旅する」ということを、身に染みて理解させてくれたように思います。「事前に確認する」ということです。アポイントの日時、場所、担当者、列車時刻、レンタカー返却法などを、あらかじめきちんと確認しておきさえすればよかったのです。日本だと、「わかりにくい！」「不親切だ！」などなど、クレームの対象にすらなりかねませんが、海外ではそういったことは自分の責任でやっておかねばなりません。

またワイン産地をめぐる旅でポイントとなるのは、移動です。せっかくだからと、あの地方も、この地方もとたくさん組み込んでしまうと、移動の負担がのしかかります。それがまたトラブルの原因となって旅自体が楽しめなくなってしまうこともあるでしょう。また次から次へと移動してしまうと産地やその土地の文化や食についての理解が十分にできません。

さて、散々なブルゴーニュの旅でしたが、食事は楽しかったです。ジャンボン・ペルシエ（ハムをたっぷりのパセリとゼリーで合わせたテリーヌ）、エスカルゴ・ブルギニヨン（ガーリックバターを乗せた殻ごとエスカルゴのオーブン焼き）など、次から次へと郷土料理に舌鼓を打ちました。最も印象深かったのはジュヴレ・シャンベルタン村のブドウ畑に囲まれた小さなレストランです。母娘でサービスをしているアットホームで寛げる雰囲気のなか、食べたコック・オ・ヴァン〔雄鶏の赤ワイン煮〕とジュヴレ・シャンベルタン〔ブルゴーニュのコート・ドゥ・ニュイ地区の赤ワイン〕は格別でした。

ワインを知り、学び、その地に憧れる。そしてその地で育まれた料理とともにワインを味わう。本当に幸福な気持ちになります。ワインの醍醐味はここにあることを知りました。

そもそも、今となってみると、料理は何十年後も記憶に残るような美味しさではありませんでした。そして、感動しながらも「あれ、またこの食材の組み合わせだな？」と気付くことがたびたびありました。

話は変わって、ある専門誌で、ブルゴーニュと料理のペアリングの検証をするという企画がありました。そこでご一緒したシェフが付け合せとして用意してくれたのが、マッシュルームとベーコン、小玉ねぎという3点セットでした。すると、それまで接点を感じられなかったワインと料理が見事なまでに調和したのです。ブルゴーニュで体験した料理、コック・オ・ヴァン、ウフ・アン・ムーレット〔ポーチドエッグの赤ワインソース〕、ブッフ・ブルギニヨン〔牛肉の赤ワイン煮〕、いずれもこの3点セットが入っていたのです。

ブルゴーニュ料理に多い赤ワイン煮込み。ワインで煮込む、それだけで合うわけではありません。この3点セットを加えることで、完成するのです。ブルゴーニュワインのファンには欠かせない食材といえるでしょう。

## ブルゴーニュワイン *Bourgogne*

ブルゴーニュは、ワイン愛好家垂涎の的といっても過言ではありません。特に日本人のワイン愛好家は例外なくブルゴーニュに目がありません。白はシャルドネ、赤はピノ・ノワールという世界最高のワインを生み出すブドウ品種、黄金の丘と呼ばれる美しい風景、入手困難な少量生産の造り手、そして「テロワール」というミステリアスな要素も、人々を惹きつけるのでしょう。

味わいは決して強くはありません。むしろ軽いといえます。ピノ・ノワールの魅力は、香りにあります。それははっきりとわかりやすいものではありません。ブルゴーニュの赤ワインをきちんと表現できたら、立派なソムリエといえます。それくらい言葉でもって表現するのが難しいのが、ブルゴーニュのピノ・ノワールなのです。

ブルゴーニュは天候が不安定で、「よい年が3年に一度しか訪れない」といわれるほど、ヴィンテージ評価〔作柄〕にバラツキがあります。春から初夏にかけて曇りがちだったり、雨が多かったり、気温が下がったりと、生産者たちを悩ませています。

収穫のタイミングの判断は特に重要です。「いい感じで熟してきたけど、もう少し待ちたいな」と言っていると、雨が降る。２０１５年は9月に入ってから好天が12日の土曜日まで続き、誰もが素晴らしいヴィンテージを期待していました。

ところが翌13日にブルゴーニュに到着すると、雨が降っていました。雨は何日も続いたのです。到着の翌日に訪問したブルゴーニュ屈指の生産者、メゾン・フェヴレイは、「土曜日にブドウはすべて摘んだよ。素晴らしいヴィンテージになるよ！」と満面の笑みで話してくれました。しかし畑を回ってみると、まだ収穫されていない畑が散見されました。雨でブドウのエキス分は希釈されてしまいますから、ワインの品質に大きな影響を与えます。この判断の違いがワインの品質の明暗を分けてしまうので、本当に大変なことです。

こうした不安定な天候の影響で、「今年は出来が悪い」「この造り手はこの年は失敗だ」などと評価されてしまうのが、ブルゴーニュの特徴ともいえるでしょう。

また、ブルゴーニュはサービスをするときも気を使います。開けてみるとコンディション（ワインの状態）が違うということがしばしばあるのです。グラスの選定を間違えると香りが全く楽しめなくなることもあります。温度も同様で細心の注意を払います。低過ぎず、高過ぎず。

ブルゴーニュワインファンのお客様で、「注ぎ足しをせず、1杯ごとにグラスを替えて」と頼まれる方もいらっしゃいます。グラスの壁面に残ったワインはわずかながら酸化しますす。そんな香りが混ざるのが気になるのでしょう。また料理を食べながらワインを飲むわけですから、グラスに魚や肉などの匂いが付きます。グラスを替えることで、ワインの香りを純粋に楽しみたい、というこだわりなのでしょう。

さらに、ブルゴーニュは熟成の進行も摑みづらいのです。昨年はとてもよい状態だったワインが、香りが全くしなくなっていることがありました。ピークを過ぎてしまったのかなと思いきや、何年か経ったら、また驚くほどに香りが豊かに開いている、つまり熟成による深みのある風味が存分に楽しめる状態になっていることもあるのです。

とにかく魅力的で、気難しいのがブルゴーニュなのです。

## ブルゴーニュワインと楽しめる料理

ブルゴーニュの赤ワインは、料理とのペアリングにおいても容易ではなく、汎用性の高いワインではありません。酸味や苦味が強くなったり、料理に全然寄り添わなかったりすることがあるのです。ハーブや青い野菜が添えてある料理と一緒にいただくのも、難しくなります。またレモンが少し添えてあるだけで、大変苦くなるのです。料理にさりげなく添えられる食材が、ブルゴーニュの赤が相手となると、大敵となってしまうことがあるのです。

ブルゴーニュのグランクリュと鳩のローストをいただいたとき、合うはずなのに美味しくない。よく見たら、レモンの皮が鳩に添えられていたのです。

ブルゴーニュというと鶏肉が定番なので、焼き鳥と合いそうな気がします。もちろん、鶏肉の身質、塩やタレとは合います。しかし炭火焼きの香りとは全く合いません。香りや味わいが繊細で、渋みも強くはないためでしょう。

そもそもブルゴーニュに、「焼く」料理はあまりありません。たいてい、茹でる、煮る、煮込む、なのです。ブルゴーニュワインに合わせて料理を考えるときは、「焼かない」ことがポイントです。

**赤ワイン**

・鶏肉（鳩、ほろほろ鳥、雉など鳥類）のロースト、肉汁のソース
・牛赤身のロースト、煮込み
・鴨胸肉のロースト
＊肉汁、肉の旨味を味わう料理に、シンプルなソースが合います。

**白ワイン**

・サーモン、スズキ、マダイ、アマダイなど身のしっかりした魚、クリームもしくはバターソース
・オマールやアカザエビ シヴェソース（殻やミソからとったソース）
・ポテトのチーズグラタン

## ブルゴーニュワインのお勧め生産者

- アルベール・ビショー（*Albert Bichot*）
- ブシャール（*Bouchard*）
- シャンソン（*Chanson*）
- ドゥルーアン（*Drouhin*）
- フェヴレイ（*Faiveley*）
- ルイ・ジャド（*Louis Jadot*）
- ルイ・ラトゥール（*Louis Latour*）

bits of knowledge
ワイン豆知識 2

# 余韻

2つのワインを味見して、どちらが高いか当てるというゲームがあります。バラエティ番組で人気のコーナーですが、これは非常に大切なことで、バイヤーを含めソムリエはその「目利き」の能力を磨くためにテイスティングに励みます。プロでなくても、ワインを購入する一般消費者もいわばバイヤーですから、目利きであることに越したことはありません。その能力をマスターするのは簡単ではないことはいうまでもありません。さらに（高額な）ワインには香りが強いものもあればおとなしいものもあり、酸味が強いものやまろやかなもの、渋みが強いものもあれば、軽快なものもあるので、それを味見しただけで判断するのは大変難しいことです。

唯一、すべての高額のワインが持っているものが、「長い余韻」です。余韻とはワインを飲み込んだ後、舌の奥を中心に残る風味のことをいいます。高額なワインの場合、余韻が大変長く続くのです。空になったグラスにもしばらく香りが残っています。つまり、高額なワインを味わうときは余韻をじっくり楽しむ。飲み込んだ後が大切なのです。

# 第3章

# ボルドーの生牡蠣

ポーイヤック

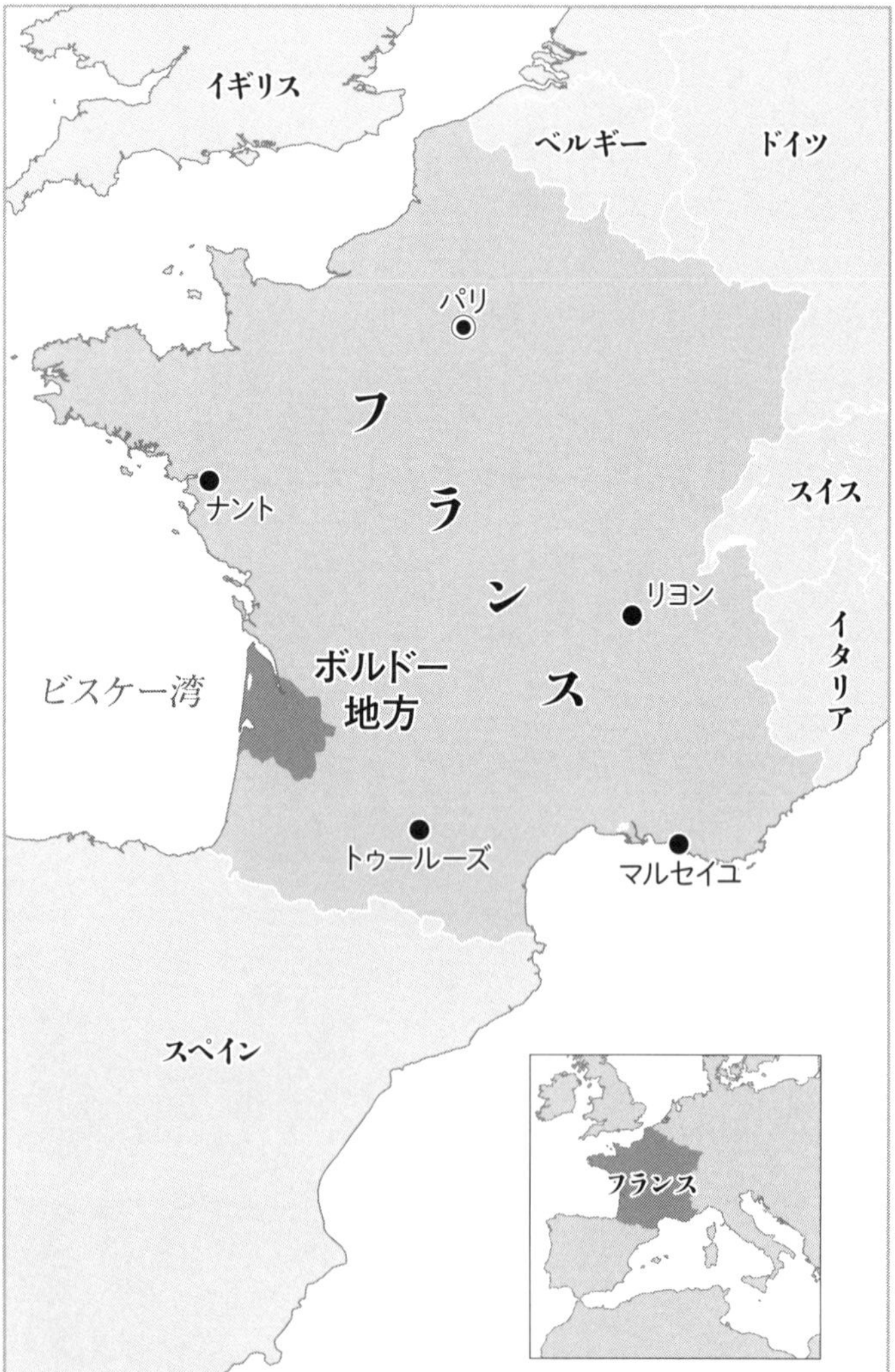

イギリス
ベルギー
ドイツ
パリ
フランス
ナント
スイス
リヨン
イタリア
ボルドー地方
ビスケー湾
トゥールーズ
マルセイユ
スペイン
フランス

珍道中だった初めてのワインツアーから2年後のことです。先輩ソムリエの中本聡文さん（現レストラン・ロオジエ　東京・銀座）がパリの国際コンクールに出場するということで、応援に行きました。引率として、1995年世界最優秀ソムリエとして知られる田崎真也さんもいらっしゃっていて、ランチタイムは近くのビストロにご一緒させていただきました。お店はとても盛況で、サービス担当の方も大変感じよく、テンポよく料理とワインがサーブされました。

田崎さんがワインをホストテイスティング（テーブルの代表者が注文したボトルのワインのテイスティングを行い、品質を確認する）し、「OK」ということで、みんなで乾杯しました。すると、「ちょっとブショネ（コルクに含まれる塩素系の成分が原因となり、ワインに異臭を与える）だけどね。まあ、感じよくやってくれているから、いいでしょう」と田崎さん。なるほど、必ずしも指摘するものでもないんだなと学びました。せっかく気分よくサービスしてくれている店員さんと押し問答になって、雰囲気を台無しにしたくなかったのかもしれません。その後も田崎さんからはマナーや礼儀をたくさん学びました。

コンクールの翌日、一行でボルドーに移動しました。ヴィネクスポという世界的なトレードショー視察のためです。

その日は市内のビストロで夕食をとりました。そこは牡蠣をスペシャリティとしていて、様々な種類の牡蠣が選べます。かなり高価なものもありました。

田崎さんは牡蠣をいくつか頼むと、グリルソーセージも人数分オーダーしました。そしてワインは赤ワイン。ボルドーを代表する赤ワインの1つ、ポーイヤック〔ボルドー、オー・メドック地区に位置する銘醸産地。特級格付けのシャトーが数多くひしめいていることからも別格的な存在。カベルネ・ソーヴィニヨンを主体とし、力強い渋みが特徴〕だったと思います。「牡蠣とソーセージを一緒に食べて。赤とすごくよく合うから」と勧めてくれたのです。

それを聞いて、「生牡蠣といえばシャブリ、ではないとしても、白ではないのかな？」と内心半信半疑でした。

しかし実際に味わってみると、衝撃といっても決して言い過ぎではないほど、素晴らしかったのです。牡蠣のクリーミーな味わいに、スパイスの利いたソーセージが加わることで実に美味しくなり、しかも赤ワインと絶妙に合うのです。私は好んで生牡蠣を食べるほうではないのですが、このときは牡蠣↓ソーセージ↓赤ワイン、とエンドレスに進んでいきました。

その後はワイナリーめぐりやレストラン研修など、盛りだくさんな1ヵ月半のフランス滞在だったのですが、いまだ鮮明に残っている思い出です。「生牡蠣にはシャブリ」との本にも書いてあった時代です。私にとっては、あまりにもショッキングな出来事でした。

しかしそれはボルドーに住む人たちにとってはごく日常的で、その土地らしいことだったのです。ボルドーは大西洋に流れ込むジロンド河の河口に位置しています。そして大西洋に面したアルカションという、一大牡蠣養殖地があるわけですから、牡蠣が名物なのです。

ボルドーといえば赤ワイン。それにスパイシーなソーセージを添えるというのは、牡蠣と赤ワインを楽しむための地元の人々の知恵だったのですね。

## ボルドーワイン *Bordeaux*

ボルドーは「月の港」と呼ばれる港町です。歴史的にも、イギリスやオランダの影響を受けた国際都市でもあります。ワインだけでなく産業も発達しています。ブルゴーニュとともにフランスワイン産地の双璧を成していますが、ブルゴーニュとは大きく違っています。

　ボルドーは気候、地勢に恵まれていて、広大なブドウ畑が広がっており、カベルネ・ソーヴィニヨンとメルロー、カベルネ・フランという偉大なワインを産むブドウ品種を産出しています。経済力のある生産者も多数います。よく言われるのが、「少量の偉大なワインは世界中で生まれている。しかし偉大なワインが大量に生産できるのは、ボルドーだけだ」。それだけのポテンシャルがあるワイン産地だということです。オー・メドック地区〔ボルドーの中心を流れるジロンド河左岸に広がる産地〕には、特級格付けシャトーがひしめくようにあり、そこでは100ヘクタールにも及ぶ自社畑から高級ワインが生産されています。確かに、そんな生産地は他にはありません。

　もう1つ、ボルドーを語るうえで欠かせないのは、「おもてなし」のワインだということです。フランスの大統領官邸であるエリゼ宮、イギリス王室のバッキンガム宮殿でも、国賓を迎える晩餐会ではボルドーが供されます。

　これには様々な背景、理由があることと思いますが、私はソムリエとしてこんな風に考えています。ボルドーワインは万人に受け入れられやすく、料理との汎用性も極めて高いからではと。スパイスにも幅広く合いますので、中国料理をはじめとしたアジア料理や、そのほか世界の様々な料理とも合わせることができます。もちろん日本料理とも。つまり世界中の人の味覚に合うという、類《たぐい》まれな特性を持っているのです。歴史的な背景というものもあります。ポンパドール夫人は大変熱を入れていたブルゴーニュの特級畑（ロマネ・コンティ）の入手に失敗し、その腹いせにブルゴーニュを宮殿から処分してしまい、それを機にボルドーが宮殿御用達となったという説もあります。

ボルドーの赤ワインの特徴はというと、奥行きのある香り、滑らかな舌触り（テクスチュア）、バランスのよさ、フレッシュ感です。

この「フレッシュ感」というのには「えっ⁉」と思う方も多いかもしれません。赤ワインの味わいが持つ「強さ」は、渋みのことと理解されている節があるので、強さ＝重い、重い＝ボルドー、と認識している方が多いことでしょう。

しかし渋みは触感的な刺激ですので、味わいの重さとは違います。ボルドーのタンニンは、量は豊富ですが、渋みとしては緻密で、乾いた印象にはなりません。むしろ後味《あとあじ》をリフレッシュしてくれます。

そしてなんといっても、滑らかなので、様々な嗜好、料理と合うのだと思います。

# ボルドーワインと楽しめる料理

## ポーイヤックの乳飲み仔羊

ボルドーというと、仔羊がペアリングの定番にあげられます。「仔羊の臭みをタンニンが和らげる」と言われたりもしていますが、そうではありません。日本人はラムというとジンギスカンやラムチョップをイメージするので、まず「臭み」を連想するのですが、フランス人にとっては、仔羊は食べやすい肉というイメージです。特にボルドーのオー・メドック地区のポーイヤック村の乳飲み仔羊は淡いピンク色をした肉質で、あるフランス人シェフが「スプーンで食べられる」と言うほど柔らかいのです。つまり臭みを消す必要など元々ないため、仔羊とボルドーが合う、ということに間違いはなくても、臭みとは関係ありません。解釈には大きな違いがあるのです。

そんな繊細な肉質の料理に、ヴォリュームのある渋みが特徴のポーイヤックが合うということは、力強いようにみえて、滑らかさ、繊細さがあるということです。

「コルディアンバージュ」というホテルレストランで、その乳飲み仔羊とポーイヤックの特級シャトーの銘酒ランシュバージュをいただきましたが、ワインの滑らかさと肉質の食感が素晴らしくマッチして、肉から旨味が浸み出してくるような美味しさでした。

ブルゴーニュワインとベーコン、マッシュルーム、小玉ねぎとの組み合わせのように、ボルドーにも、料理と合わせるのに最高のつなぎ役があります。

それは、エシャロットです。「ボルドー風」というと、赤ワインソースが添えられることが多いですが、それより大切なのは、エシャロットなのです。「牛肉のボルドー風」に赤ワインソースがない場合があっても、刻んだエシャロットがないとボルドー風にはなりません。

それから、骨髄です。モワルといって、牛骨髄を指します。これもボルドー特有といってもよいでしょう。

牡蠣だけでなく、魚介とも合わせられます。先述の通り、ボルドーは港町ですから川沿いに並ぶブラッスリーやレストランのメニューには、スズキ、アンコウ、イカなど魚介が中心で、チョウザメもよく見かけます（ボルドーではキャビアも生産されています）。

肉もあり、魚もあり、というメニューに赤ワインを1本選ぶのであれば、ボルドーに限ると言ってよいでしょう。

また、山椒やオリエンタルスパイスやハーブを多用した料理とも大変よく合いますので、アジアンや中国料理とも合います。

- ラムつくね（シークカバブ）
- クスクス
- チキンのパプリカ煮
- サワラの山椒焼き
- ウナギの蒲焼き
- 麻婆豆腐

## ボルドーワインのお勧め生産者

ボルドーの生産者はネゴシアン〔ワインを生産者から購入、ブレンドし、オリジナルブランドを販売〕から、小規模生産者、そして特級格付けのシャトーなど、様々です。

## 特級格付けシャトー

ボルドーのヒエラルキーのトップの生産者です。1855年にナポレオンの命を受けて格付けが行われ、それは今でも非常に重要なものとなっています。オー・メドック地区で61、グラーヴ地区（ペサック・レオニャン）で18、貴腐ワインで知られるソーテルヌ地区に22、サンテミリオン地区では16（プルミエグランクリュクラッセ）、加えて格付け外でも同様の価格で取引されているシャトーがポムロール地区にもひしめいています。

別格と呼ばれる1級、および次いでランクされるシャトーはいうまでもないので（大変高価格）、ここでは割愛して、2級以下のシャトーでお勧めのものを紹介します。

## オー・メドック地区

- シャトー・バタイエ（*Ch. Batailley*）
- シャトー・ブラネール・デュクリュ（*Ch. Branaire Ducru*）
- シャトー・デュルフォール・ヴィヴァン（*Ch. Durfort Vivens*）
- シャトー・グラン・ピュイ・ラコスト（*Ch. Grand Puy Lacoste*）
- シャトー・ラグランジュ（*Ch. Lagrange*）

シャトー・ラ・ラギューヌ（*Ch. La Lagune*）
シャトー・マレスコ・サン・テグジュペリ（*Ch.Malescot Saint-Exupéry*）
シャトー・ポンテ・カネ（*Ch. Pontet Canet*）
シャトー・プリューレ・リシーヌ（*Ch. Prieuré Lichine*）

## グラーヴ地区

シャトー・スミス・オー・ラフィット（*Ch. Smith Haut Lafitte*）
シャトー・マラルティック・ラグラヴィエール（*Ch. Malartic Lagravière*）
シャトー・パプ・クレマン（*Ch. Pape Clément*）
シャトー・カルム・オー・ブリオン（*Ch. Carmes Haut-Brion*）

*bits of knowledge*

ワイン豆知識 3

# ワインの飲み頃

30年ほど前までは、「熟成したワインこそ価値がある」とされていました。この価値観はイギリス人がつくったものです。イギリスではボルドーの赤ワインが好まれており、その豊富なタンニンがこなれて滑らかになった、つまり熟成したワインが楽しまれていたのです。現在はブドウ栽培、ワイン造りが大きく進歩しました。昔は「花が咲いてから100日目に収穫する」という言い伝えに準じていたのですが、天候状況によっては成熟がおもわしくない状態でも収穫されていました。そういったブドウから造られるワインはより渋みが強く、熟成させないと「飲めない」ものだったのです。現在は最適な成熟をしたブドウからワインが造られていますので、若いうちから十分に楽しめるようになりました。

フランスやアメリカの愛好家は若いヴィンテージを好みますし、ソムリエも若いヴィンテージでもお勧めしていますし、デカンタージュ（カラフェに移すことで酸素を含ませ、渋みを和らげる）もしません。もっとも、熟成したワインの愛好家も根強くいますから、オールドヴィンテージの価値は今も昔も変わりはありません。

# 第4章

# シャンパーニュのビスケット

シャンパーニュ　ブラン・ドゥ・ブラン

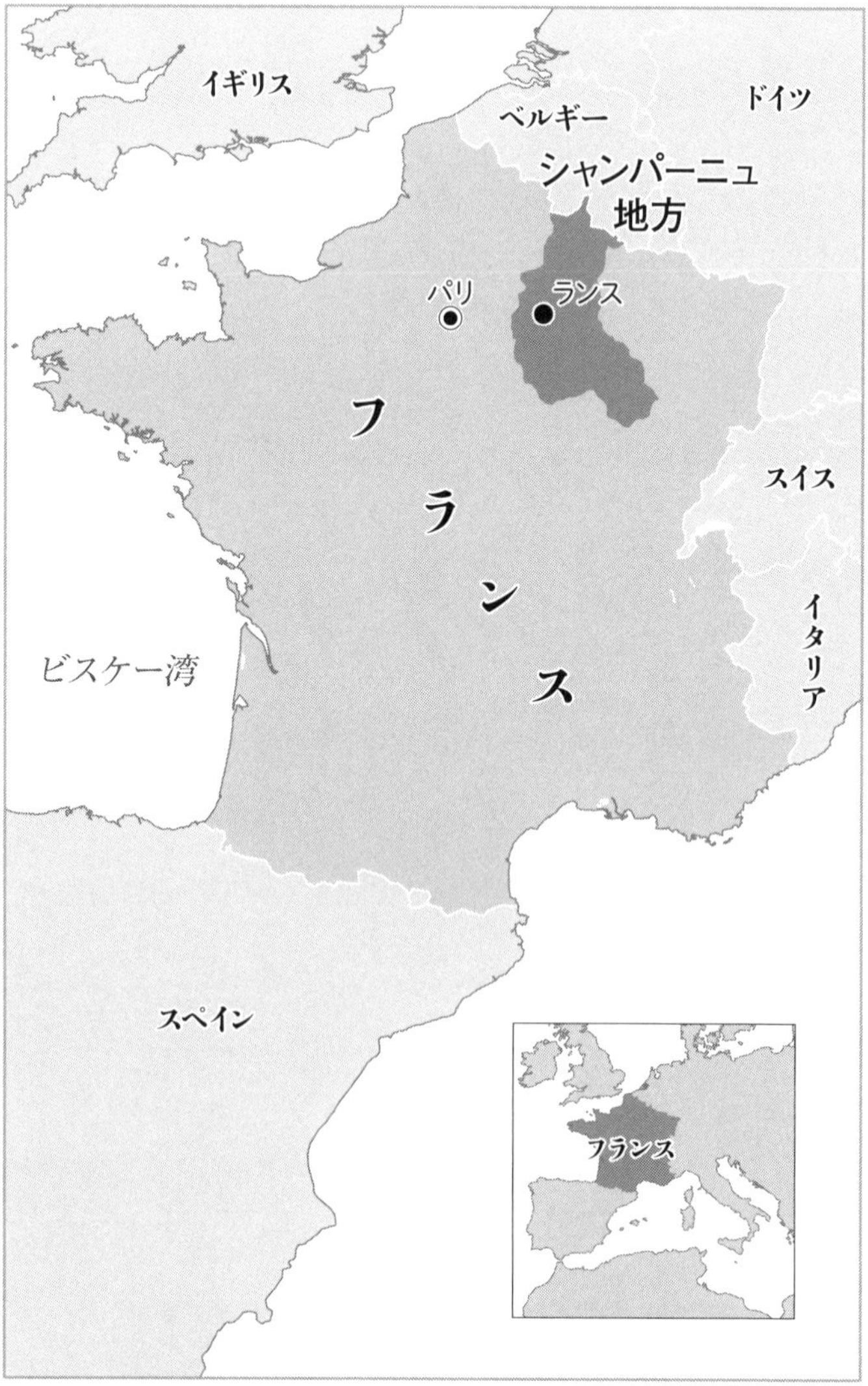
イギリス
ベルギー
ドイツ
シャンパーニュ地方
パリ
ランス
フランス
スイス
イタリア
ビスケー湾
スペイン
フランス

「シャンパーニュに合うツマミはないか?」

当時勤めていたホテルの上司からの唐突な質問でした。

ホテルの敷地内に大規模なローズガーデンを造ることになり、お客様にバラの花を眺めながらシャンパーニュを楽しんでいただいてはどうか、という構想が膨らんでいたのです。それはオーナー社長のアイディアでした。

そして、「シャンパーニュと合わせて、簡単につまめるものが欲しいな」との注文が入り、総料理長以下気合いを入れて、見事なカナッペのプレートを提案したそうです。キャビアやフォワグラなどがふんだんに盛り込まれていたことでしょう。シャンパーニュに豪華なカナッペ、そしてローズガーデン。まさに映画のワンシーンのようです。

しかし、社長はプレートを見るやいなや、手もつけずにその場を去ってしまったというのです。

「どうしたらいいんだ?」と、ソムリエの私にお鉢が回ってきたのです。幹部たちが描いたシャンパーニュとバラのワンシーンは社長のそれとは大きく違っていた、そう考えると、ある情景が浮かんできました。「ビスケットはいかがでしょうか?」

以前、シャンパーニュの大手メーカー、ポメリーが主催する「ポメリー・スカラシップ」という奨学制度で、シャンパーニュ地方とパリのレストランで研修するという機会に恵まれたことがありました。最初の週はポメリー社で研修プログラムを受け、シャンパーニュ造りの工程とテイスティング、さらにゲストハウスにて毎晩のように世界中から訪れるVIP御一行のディナーの準備やサービスなどの研修をさせてもらいました。また地元で愛される食堂や、小さなメーカーを訪問したりするなど、充実した研修内容でした。

本書のメインテーマである「ワイン生産地とその郷土料理」、つまりシャンパーニュ地方の郷土料理はというと、実はほとんどありません。地元の人に聞いても「うーん、なんだろ?」と首をひねったり、または曖昧な答えしか返ってきません。あるいは「シャンパーニュはどんな料理にも合うのさ」ということでしょうか。

地元のレストランでも、「これぞシャンパーニュ料理」というのはメニューにほとんどありません。「アンドゥイエット」や「ブーダン・ブラン」と呼ばれるソーセージ、シャウルスチーズ、ムロン・ラタフィア（半分にカットしたメロンにシャンパーニュ地方産のリキュールワインを注いだもの）といったところです。

大変著名なシャンパーニュメゾンが手掛けるレストランでのある日のランチメニュー

は、南仏料理一色でした。他の地方でそのようなことはありえないことです。ミシュラン星付きレストランともなると、郷土料理がそのまま出ることはないにせよ、全く違う地方の料理が出てくることはまずありません。

さて、ある家族経営のメゾンを訪問したときのことです。一通り説明を受けて、テイスティングを終えた後、「ここからはリラックスして楽しんでください」と、シャンパーニュグラス片手の我々に奥様がビスケットを配ってくださいました。

「これはね、妻の手作りなんです。ビスキュイ・ローズ・ドゥ・ランスという伝統的なお菓子です」とご主人が誇らしげに説明してくれました。10センチメートルほどの細長い円柱形のお菓子で、ピンク色をしています。口にしてみるとさっくりした触感で、硬めに焼いた麩菓子のようでした。我々日本人がイメージするビスケットとは違っています。「シャンパーニュに浸しながら食べるのが、シャンパーニュ流なんです」と補足され、早速試してみると、これがまた実に合うのです。楽しく、とても印象に残ったおもてなしでした。

社長への提案の当日、「石田、こんなもので大丈夫なのか?」という不安にかられた幹部たちが見守るなか、シャンパーニュとビスキュイを社長に差し出しました。シャンパーニュは、シャルドネのみを使ったブラン・ドゥ・ブラン、バラのデザインが施されたラベルのものを選んでおきました。

「ほう、これがシャンパーニュに合うの？」

「はい、シャンパーニュ地方名産のビスキュイ・ローズといいます」

「確かに合うね」

「今度はシャンパーニュに浸して召し上がってください」

「いいね！　うまい。これだよ、こういうのがよかったんだ！」

結局、社長は3本もビスキュイを召し上がり、シャンパーニュも飲み干しました。普段はほとんどお酒を飲まない社長には、大変珍しいことでした。幹部たちは呆気に取られているようでした。

そのビスキュイはトゥール・ダルジャンのPB（プライベート・ブランド）商品で、デパートで販売していたものでした。フランスの職人が手がけていて、フランス人のトゥール・ダルジャン総支配人は胸を張って説明してくれたものでしたが、日本では全然売れていなかったようです。しかしそれからはホテルで大量に購入することになったので、一石二鳥で役に立つことができました。

日本で人気のお菓子といえば、たいていフワフワ・モチモチか、しっとりした食感のものです。フランスのお菓子はバサついた食感のものが多いのです。以前、幼少時からフランスで育った日本人女性が、「日本のマドレーヌってしっとりしてるの？　食べてみたい！」と言っていたのが印象的に残っています。フランスのマドレーヌはパサパサしていて、カフェオレに浸して食べるのです。

ただし、本場のものをただそのまま日本に持ってくるだけでは受け入れてもらえないこともあります。今回のことは、どのように楽しんだらよいか、どんなストーリーがあるかということをきちんと突き詰めることで、その真価を発揮することができるという教訓にもなりました。

余談ですが、社長への提案後、「世界コンクールでは正式なディナーもあるのだろう？」と、アルマーニのタキシードを作っていただきました。わらしべ長者のような話です。あまり着る機会はありませんが、そのタキシードに袖を通すたびに、ビスキュイ・ローズを思い出すのです。

## シャンパーニュ *Champagne*

シャンパーニュはフランスで最も北に位置するワイン生産地です。もともとはスティルワイン（非発泡性）で、その赤ワインはパリでも人気があったそうです。それが17世紀末、偶然から生まれた発泡性のワインが意図的に造られるようになり、シャンパーニュが誕生しました。

クレイエールという呼ばれる白亜質の真っ白な土の畑は、冷涼な気候とあいまって酸の豊富なブドウを育てます。この酸味がシャンパーニュの生命線となるのです。3種のブドウ品種、様々な畑（17の特級格付け畑をはじめ数百にも及ぶ区画）、そして複数のヴィンテージをブレンドすることで、品質の安定したシャンパーニュが生まれます。

瓶内で2度の発酵、そのまま3年間、長いものだと7～8年間にわたって熟成させます。瓶内は炭酸ガスのおかげで酸化は一切進みません。また、発酵に関わった酵母がオリとなって沈殿しています。長い熟成中に自己分解を始め、風味に豊かさ、奥行きを与えるアミノ酸などの成分がワインへと移っていきます。

このように、シャンパーニュは個性を多次元的に身につけることで類まれな存在感を放っているのです。

熟成は、ローマ時代に掘られたという洞窟で行われるのですが、天然のエアコンで10℃に保たれています。シャンパーニュは長い間そこに置いておかれることから、飲用最適温度は10℃となっています。ポメリー社で研修中、何度かセラーでシャンパーニュをサービスすることがあったのですが、全く冷やさなかったのが印象的でした。

それはレストランでも同じで、地元レストランでシャンパーニュを用意しようとクーラーに氷を入れていると、「おい、そんなに氷を入れるなよ、氷はみんなが使うから無くなってしまったら困るだろ」と注意されました。その理由はどうかと思いますが、実際に氷はたっぷりと入れなくても適温になっているのです。日本は蒸し暑いし、氷たっぷりが常識になっていますから、シャンパーニュ地方の人が見たら驚くでしょうね。「なんでそんなに冷やすんだ?」と。

シャンパーニュはなぜ祝いの酒なのか、とよく聞かれます。きらびやかなゴールドの色合い、細かな泡が絶え間なく湧き上がる様子は確かに華やかで、特別な雰囲気を醸し出しています。

「祝いの酒」の所以は歴史からもひもとくことができます。シャンパーニュ地方の中心都市、ランスにはノートルダム大聖堂があり、「クローヴィスの洗礼」が行われたことで有名です。その日がフランスの建国記念日とみなされ、歴代のフランス国王の戴冠式が行われました。フランスが生まれ、新国王が即位する場所がシャンパーニュなのです。このことから、シャンパーニュ＝おめでたい場所というイメージが生まれたといってもよいでしょう。戴冠式で開けられるのはもちろんシャンパーニュ地方のワイン、「王家のワイン」と称されたといわれています。

17世紀、シャンパーニュは「泡立つワイン」となり、貴族や富裕層といった特権階級の間で人気を博しました。その後、19世紀から20世紀にかけて、社交界のエリートたちが集う華やかな席でもシャンパーニュが楽しまれました。こうして、「ハレの酒」「祝いの酒」としてシャンパーニュの名声が世界中に広まっていったのです。ハリウッド映画でもきらびやかなシーンにはシャンパーニュが登場します。本物のセレブリティたちの特別なお酒ですね。

## シャンパーニュと楽しめる料理

シャンパーニュには濃いものより、上品な味付けの料理がよいです。また旨味をもった味わいが特徴ですから、日本料理とはとてもよく合います。日本でシャンパーニュが大変人気なのは、ブランドイメージの高さもありますが、味覚的な嗜好が合っているからでしょう。

根菜類もよいです。アスパラガス、根セロリ、ゴボウ、ウド、カブなど。

対して合わせるのが難しいのが、南方系（温暖地）の野菜です。トマト、ナス、ニンニク、ズッキーニ、パプリカなど。

また柑橘類はよく合いますのでレモンも不可ではありませんが、レモンは南方のものなのでちょっとイメージが違う感じがします。唐辛子（チリペッパー、カイエンペッパー）、豆板醤《トウバンジャン》、ハラペーニョなど辛味系スパイスも避けた方がよいでしょう。

クリーミーな仕立ての料理とはとてもよく合います。クリームソース、ムース仕立て、ヨーグルト、サワークリームなど。

貝類については意見が分かれるところです。「生臭くなる」と敬遠する方もいます。しかし「牡蠣とシャンパーニュ」は宮廷時代からの定番です。ホタテやその類の貝も問題ありません。しかしアカガイやトリガイなどヨード感の強いものは、確かに生臭くなります。牡蠣もミルキーなもののほうがシャンパーニュとは合います。

ヴィネガーを使ったものはワイン全般には難しいとされますが、三杯酢、土佐酢、ポン酢はとてもよく合います。ロゼシャンパーニュには梅肉酢や黄身酢がよいでしょう。

## タイプによる違い

シャンパーニュは大きく4つのタイプに分けることができます。タイプを分ける主な要素として、次の3つがあげられます。

使用品種（白ブドウ：シャルドネ、黒ブドウ：ピノ・ノワール、ムニエ）の割合、アサンブラージュ（複数の畑、ヴィンテージのブレンド）、そして熟成期間、です。

他にも様々な要素が複雑に絡み合っていることもありますが、おおよそこの3つの要素でもってタイプを分けることができるのです。

**【爽やか、繊細なタイプ】**

シャルドネを主体としたもので、ブリュット・ノンヴィンテージやブラン・ドゥ・ブランというタイプがこれにあたります。食前酒向きで、料理全般と楽しむことができます。貝類でヨード感が強いものでもこのタイプならよく合います。

グランメゾンと呼ばれる大手メーカーの多くがこのタイプをフラッグシップとしています。

**【芳醇で複雑、ふくよかなタイプ】**

ピノ・ノワールを主体としたもので、ブラン・ドゥ・ノワールや、中小規模のメーカーのブリュット・ノンヴィンテージはこのタイプのものが多いです。木樽醸造を行うものも多く、複雑なフレーバーを持ち、肉料理や熟成チーズとも合わせることができます。

ただし、ピノ・ノワール主体でも洗練された味わいのものもありますので、生産者による、と認識しておいたほうがよいですね。

ヴィンテージシャンパーニュはこのタイプのものが多いです。

**【バランスのよいタイプ】**

ブドウ品種はもちろん、バランスのとれたシャンパーニュ造りをモットーとした生産者のもの。オールマイティに楽しめる汎用性のあるタイプで、シャンパーニュ単体でも、食前酒から食中まで、多様な嗜好にも合いますから、パーティーにもってこいです。

プレステージシャンパーニュも多くのものはこのタイプに入ります。

### 【チャーミングでまろやかなタイプ】

ロゼシャンパーニュ、ドゥミセック（残糖分のある半甘口）、またブリュット・ノンヴィンテージでも、このタイプをモットーとする生産者のもの。協同組合生産者も多くの場合、ここに入れられるでしょう。

ロゼやドゥミセックはデザートと合わせられます。アフタヌーンティーにはよいですね。ブリュットは、焼売や豚饅《ぶたまん》、小籠包《しょうろんぽう》など点心とよく合います。

## シャンパーニュのお勧め生産者

**メゾン（大手メーカー）**

ビルカール・サルモン（*Billecart Salmon*）

- ブルーノ・パイヤール（*Bruno Paillard*）
- ボランジェ（*Bollinger*）
- シャルル・エドシック（*Charles Heidsieck*）
- ドゥーツ（*Deutz*）
- ゴッセ（*Gosset*）
- アンリオ（*Henriot*）
- ランソン（*Lanson*）
- ローラン・ペリエ（*Laurent Perrier*）
- ルイ・ロデレール（*Louis Roederer*）
- フィリッポナ（*Philipponnat*）
- ポル・ロジェ（*Pol Roger*）
- テタンジェ（*Taittinger*）
- ヴーヴ・クリコ（*Veuve Cliquot*）

## レコルタン（ブドウ栽培から醸造まで一貫して行う小規模生産者）

- アグラパール（*Agrapart*）
- アンドレ・クルエ（*André Clouet*）
- シャルトニュ・タイエ（*Chartogne Taillet*）
- ジョフロワ（*Geoffroy*）
- ラルマンディエ・ベルニエ（*Larmendier Bernier*）
- ピエール・ペテルス（*Pierre Péters*）
- ポール・バラ（*Paul Bara*）
- ロベール・モンキュイ（*Robert Moncuit*）

## 協同組合

- マイイ（*Mailly*）
- ボーモン・デ・クレイエール（*Beaumont des Crayères*）

bits of knowledge

ワイン豆知識　4

# ワインの熟成

　ワインの素晴らしい特性の1つに、「熟成」があります。熟成とは、ワインが微量の酸素と触れることで風味や味わいがよい状態に変わってゆくことです。酸化熟成ともいいますが、酸化というのはヴィネガーへと変化していくようなものなので、よい熟成とはいいません。もちろん、10年以上の長い熟成をしたワインには多かれ少なかれ酸化による変化が見られます。ワインは酸素に触れることで芳香成分やタンニン分が重合、沈着し、その結果大変複雑な風味を帯びます。ワインによりますが、熟成の香りというと、ドライフルーツやドライフラワー、湿った土や樹皮、枯葉、タバコ、キノコなどがあげられます。あたかも森林に入っていったときのようなイメージです。また味わいは酸味がより滑らかになり、きめ細かな食感と大変緻密な渋みとなります。「ヴィロードのような」「シルクのような」と表現されます。

　この最良の状態を、ボトルを開けずして判断するのは非常に難しいことです。熟成したワインを開けるときは、そのワインの「今」の状態を最大限楽しむことを優先させる、というのがよいでしょう。

# 第5章

# マルセイユのブイヤベース

カシィ

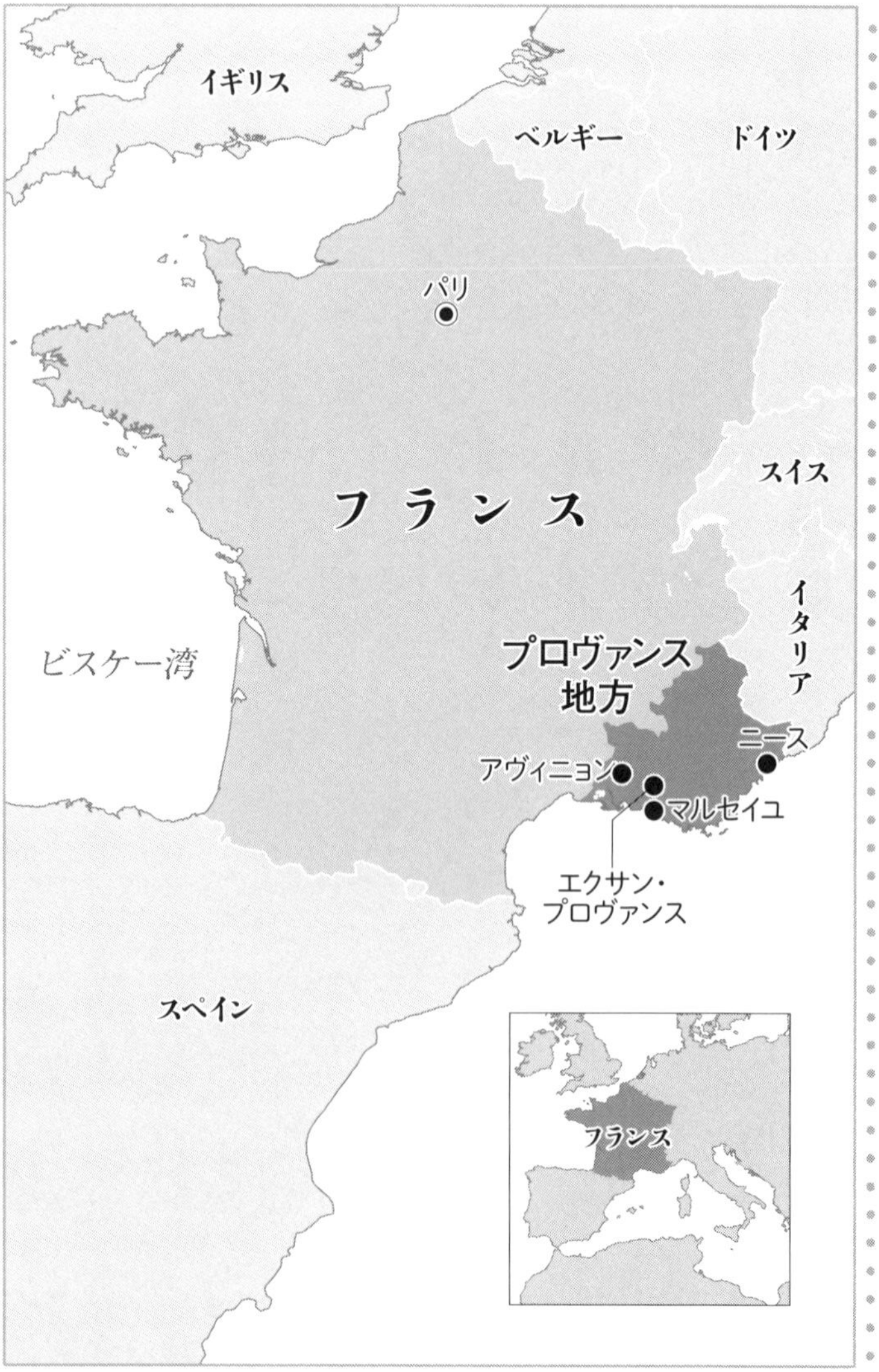

イギリス
ベルギー
ドイツ
パリ
スイス
フランス
イタリア
ビスケー湾
プロヴァンス地方
ニース
アヴィニョン
マルセイユ
エクサン・プロヴァンス
スペイン
フランス

プロヴァンスはフランスで最もよく知られている地方の1つです。ワインの名産地でもあり、なんといっても、コートダジュール、カンヌ、ニースといえば世界中の人が訪れる一大観光地です。

ワインを勉強した人が誤解してしまうのは、その範囲です。ワイン産地としてのプロヴァンス地方は、エクサン・プロヴァンスからニースまでのエリアで、アヴィニョンから西に広がるエリアはローヌ地方として認識されています。事実、アヴィニョン周辺のブドウ畑から生まれたワインはコート・デュ・ローヌという銘柄になります。

しかし、地元の人はそうは言いません。プロヴァンス地方はアヴィニョンから東に広がるエリアです。確かに風景や食文化などにその共通性を感じることができます。

プロヴァンスの中心地が、マルセイユです。マルセイユはフランス第2の大都市で古くから交易で栄え、今も国際的な貿易港であり、旧港周辺は観光客で賑わっています。マルセイユの郷土料理ブイヤベースは大変有名で、旧港に専門店が軒を連ね、どこも大盛況です。

プロヴァンス地方のもう1つの代表的な都市、エクサン・プロヴァンスの著名なシェフ、ジャン・マルク・バンゾーさんにプロヴァンスをご案内いただいたことがあります。

エクサン・プロヴァンスより南南東に70キロメートルほど行ったところのトゥーロン周辺に広がる素晴らしいワイン産地バンドールを訪問しました。ランチではプロヴァンスの郷土料理をご馳走になりました。

「ちょっと食べ過ぎたなあ。夜のブイヤベースはキツいかもしれないよ」とバンゾーさん。美味しいブイヤベースが食べたいとリクエストをしていたのです。その後ビーチで日光浴をしているときも、「やっぱりブイヤベースはやめとこう。まだお腹がいっぱいだ」と繰り返しました。日本人に比べればはるかに大食漢のフランス人らしからぬ言葉です。しかもバンゾーさんは身体も大きく、料理人です。食に気をつけているんだ、という歳（当時44歳）でもなかったので、内心不思議に思っていました。

それでもぜひ！　としつこい私に「覚悟しておいてね」とマルセイユ旧港から少し離れた「本物のブイヤベース屋」"Chez Michel" に連れて行ってくれました。

そこは老舗の雰囲気をプンプンと漂わせた店構えで、水兵さんのようなボーダーのTシャツを着たサービスの方が忙しそうに動き回っていました。

店先に「Vrais Bouillabaisse（本物のブイヤベース）」と書かれているのは、ここだけではありません。なぜわざわざそんな風に書くのかというと、「ブイヤベース憲章」というのがあり、それに則したものが「本物のブイヤベース」なのです。つまりブイヤベースとは呼べない(呼んで欲しくない)ものが数多く溢れているということでもあります。

日本で見かけるブイヤベースとの大きな違いは、そもそも鍋料理ではないことです。本物は、まず魚の旨味が凝縮した濃厚なスープ(*Soupe de Poisson*)がサーブされます。その後、茹で上がった魚がサーブされます。スープと魚は別々なのです。スープは下げられませんので、魚を食べながらスープを飲むことができます。

さらにスープの出汁《だし》は小魚だけでとります。魚介も基本白身魚のみで、カサゴ、アナゴ、アンコウ、ホウボウなどです。生きた毛ガニ、アカザエビなど甲殻類も食材として認められていますが、「本物」を掲げる店の大抵は白身魚のみです。欠かせないのはルイユというニンニクと唐辛子を合わせたマヨネーズ状の薬味です。

ブイヤベースを注文すると、生の魚で一杯のショーケースから8~9種類を持ってきて、「これから調理します」「こちらのスープを召し上がりながら、お待ちください」と。

ここにきて、バンゾーさんの心配がようやく理解できました。決して小さくはない魚が丸ごとです。1人2匹以上もの魚をひたすら食べ続けるのが、ブイヤベースだったのです。

ブイヤベースに合わせるワインはというと、カシィ(*Cassis*)というマルセイユ近郊のブドウ畑から生まれる、すっきりとした白ワインが定番です。軽いワインではありませんが、力強いタイプでもありません。日本で勉強していて、そのことは知っていました。また「プロヴァンス名産のロゼワインも合う」という記事も読んでいました。スープは深いオレンジ色でサフランとニンニクが利いています。いかにもロゼが合いそうです。

「ロゼを合わせてみたいのですが」とバンゾーさんに提案すると、「了解」と言いウエイターに「カシィを1本とロゼをハーフボトルで頼むよ。この彼だけね、ロゼを飲むのは」と注文しました。結構ショックでしたが、「ブイヤベースはカシィに限る」と美味しそうに白ワインで喉をならしているバンゾーさんがとても印象的でした。

それから何年も経って、マルセイユのシェフのフェアイベントを催したときのことです。直前にそのシェフは福岡で同様のイベントをしてから、東京入りしました。そして、挨拶を済ませるやいなや「カシィは準備しているか?」と私に強い口調で聞いてきたのです。「はい、もちろん」と答えると、とたんにホッとした表情になりました。福岡では用意がなかったのです。「コート・デュ・ローヌの白だったんだよ。あり得ない!!」と憤慨していました。勝手な予測ですが、カシィは少し高いので手頃な価格で同じようなブドウ品種のワインにしよう、となったのでしょう。おそらく相性は悪くはなかったはずです。

でもそういう問題ではないのですね。

この2つの出来事から、私は「ブイヤベースには絶対にカシィの白ワインを」と言うようになりました。ワインも料理も嗜好品ですから、「絶対」はありません。ペアリングは、無数ともいえるほど様々な組み合わせの可能性があるものです。しかし郷土料理とその土地のワインには、地元の人たちにとっての「絶対」があるのです。アレンジしてよいものと、してはいけないものがあるのです。

ブイヤベースの場合、日本人好みにスープに魚介を入れてサービスしてもよいし、エビやカニを入れるのもよい。でもサフランとルイユを、そしてワインはカシィを外してはならないということです。

「枝豆とビール」、これは味覚的、風味的にはよい相性とはいえません。おそらく日本人じゃなければ、「白ワインのほうが合うね」ということになるでしょう。でも日本人はこの組み合わせをやめるはずはありません。「ウイスキーソーダはどう？」と提案しても、「枝豆とくればビール」を長年続けてきた人たちは、「ご自由にどうぞ。僕はビールにするよ」と言うことでしょう。そう考えれば、「ロゼ？　ご自由にどうぞ」は、ごく自然なことだったと、よく理解できます。

## プロヴァンス *Provence*

プロヴァンス地方はフランスワインはじまりの地という歴史があります。アヴィニョンからニースまで、地中海沿岸にブドウ畑が広がり、恵まれた気候風土のもと、素晴らしいワインが生まれます。ブドウ畑は少し内陸に入った海を見下ろす、標高の高いところにあります。オリーブの木やローズマリー、ラベンダーに囲まれ、穏やかな（ときに強い）風が吹く、大変心地よい場所です。オーガニックの生産者が多いのもそんな恵まれた環境だからこそでしょう。

プロヴァンスといえば、なんといってもロゼワインです。ロゼワインにもタイプは色々ありますが、プロヴァンスのロゼはサクラの花びらのような淡く澄んだキレイな色をしていて、軽快で、喉の渇きを潤すのにぴったりです。パリをはじめ世界中からヴァケーションに訪れるイメージも相まって、「ヴァケーションのワイン」として広く知られています。

ニース風サラダやトマトのファルシなどプロヴァンスらしい料理と大変相性がよいです。フィンガーフードをつつきながら、プロヴァンス・ロゼのグラスを傾ける、「アペロ

(*Apéro*)」も大変人気です。

味わい豊かな赤ワインもプロヴァンスの魅力で、全域で造られています。セザンヌが生涯を送り、描き続けたサント・ヴィクトワール山で知られるエクサン・プロヴァンス(*Coteaux d'Aix en Provence*)ではカベルネ・ソーヴィニヨンが古くより栽培されていて、ボルドーとはひと味違った、馥郁《ふくいく》たるワインが産出されています。

ニース近郊のワイン産地、ベレ(*Bellet*)ではフォール・ノワールというブドウ品種から凝縮感のある渋みの豊かな赤ワイン、さらに長期熟成が可能なロゼワインも造られています。プロヴァンスの偉大なワインといえば、バンドール(*Bandol*)です。ムールヴェドルという色が濃く、タンニンの豊富な黒ブドウから生まれる赤ワインはゆうに10年以上の熟成に耐えられるものです。

プロヴァンスの魅力はヴァケーションとワイン、料理に加えて、まだまだあります。まずはアート。セザンヌについては先に述べた通りですが、さらにゴッホは『夜のカフェテラス』や『ゴッホの部屋』など有名な作品の舞台にもなっている、アルルを拠点としています。そこにはゴーギャンもいたともいわれます。

モードの世界ではあのシャネルの所縁の地でもあり、香水の№5はグラースの「5月のバラ」が重要な原料といわれます。またベレのワイナリー、シャトー・ドゥ・クレマ（*Château de Crémat*）には、シャネルのアイコンである、ＣＣマークがステンドグラスに象徴的にデザインされています。

## プロヴァンスのワインと楽しめる料理

プロヴァンスワインは名産でもあるオリーブオイル、アンチョビ、松の実、ローズマリー、タイム、ローリエ、ラベンダーなどのハーブ、レモン、イチジク、トマト、アーティチョークを使った料理と大変楽しめます。魚介ではスズキ、ムール貝、アンコウ、タラなど。肉では仔羊、仔牛、牛肉。あと黒トリュフも名産で、トリュフづくしのメニューを出すレストラン、シェ・ブルーノが有名です。

- サラダ・ニソワーズ
- アンチョビベースのドレッシングのサラダ

◎野菜のファルシ
◎ラタトゥイユ
◎イワシのソテータイム風味のトマトソース
◎仔羊のプランタニエール（カブとトマトソース）

## プロヴァンスのお勧め生産者

**カシィ**

◎ラ・フェルム・ブランシュ（*La Ferme Blanche*）
◎バニョール（*Bagnole*）

**バンドール**

◎シャトー・ヴァニエール（*Ch.Vannière*）
◎シャトー・ピヴァルノン（*Ch.Pibarnon*）

◎グロ・ノレ（*Gros Noré*）

**ベレ**

◎クロ・サン・ヴァンサン（*Clos Saint Vincent*）
◎シャトー・ドゥ・ベレ（*Ch.de Bellet*）

**エクサン・プロヴァンス／ボー・ドゥ・プロヴァンス**

◎シャトー・ボープレ（*Ch.Beaupré*）
◎シャトー・オーベット（*Ch.Hauvette*）

**コート・ドゥ・プロヴァンス（ロゼ）**

◎シャトー・ミニュティ（*Ch.Mugnity*）
◎シャトー・デスクラン（*Ch.d'Escrans*）
◎ミラヴァル（*Mirasal*）

# 難しいヴィンテージ

ワインの楽しさであり、難しさでもある要素の1つとして、「ヴィンテージ」があります。ワインはその年のブドウの生育および成熟状態を顕著に表します。グレートヴィンテージと呼ばれる年のワインが高額なのは、そのためです。このヴィンテージについては飲み手（買い手）と造り手とでは見方が違います。前者はよりよいヴィンテージを求めます。そうでないヴィンテージは価値なしといわんばかりに見向きもしないことすらあるくらいです。

対して造り手にとっては1年間大事に育てたブドウから生まれたわけですから、自分の子供のようなものです。「長男は優秀だけど、次男はダメだ」と言われる親の気持ちのようなものでしょう。難しいヴィンテージとは、天候不順や、病害虫に見舞われた年を指します。造り手は、そんな年はより畑に出てブドウに手をかけなければなりません。産みの苦しみがあるわけです。そのワインは、①香りは開きが早く、味わいは柔らかい ②料理と合わせやすい ③価格がより低い、という特徴があります。購入者にとって好条件を見逃す手はありません。

# 第6章

# バニュルスのマルミット

コリウール

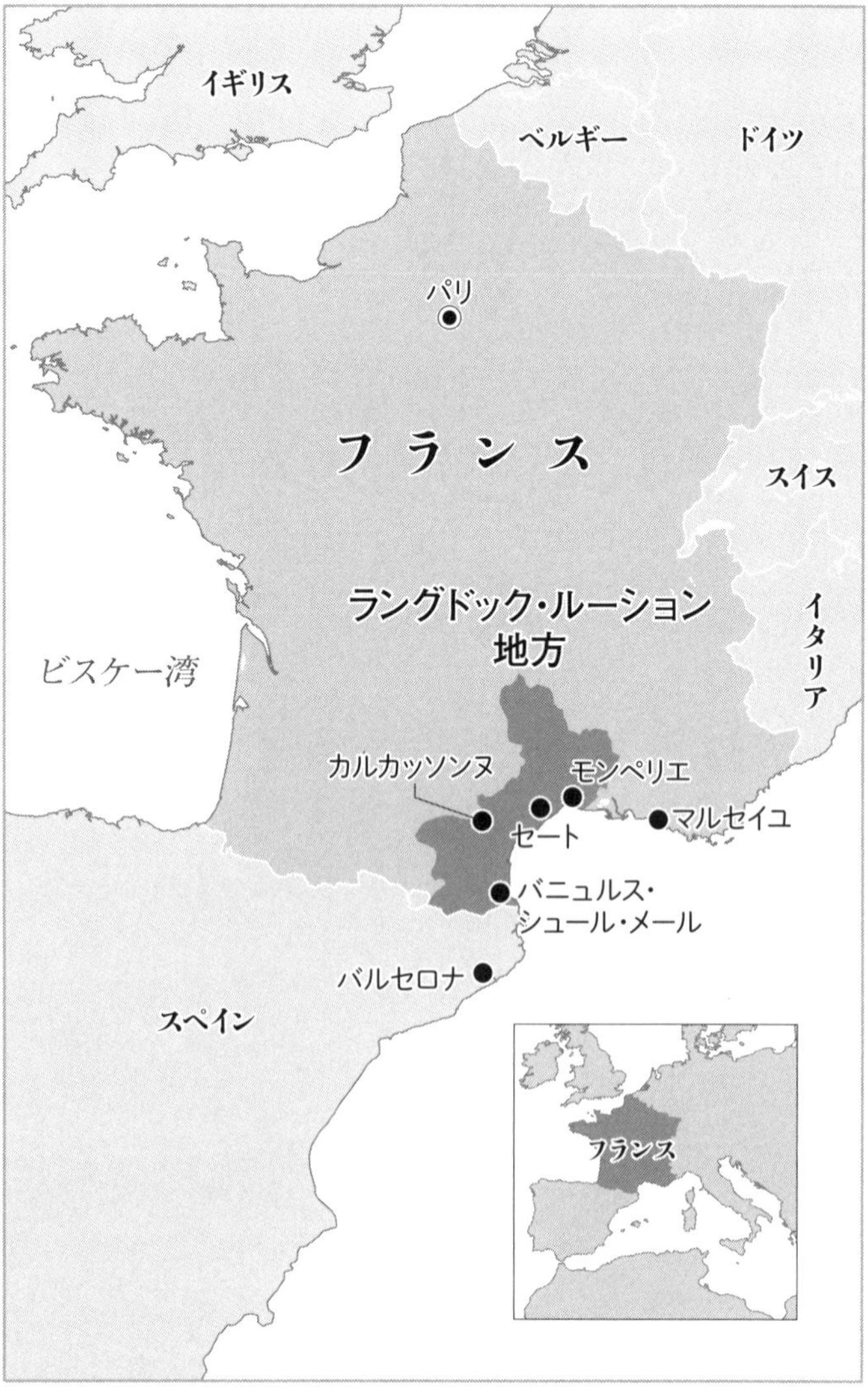
イギリス
ベルギー
ドイツ
パリ
フランス
スイス
ラングドック・ルーション
地方
イタリア
ビスケー湾
カルカッソンヌ
モンペリエ
セート
マルセイユ
バニュルス・
シュール・メール
バルセロナ
スペイン
フランス

## 85

## コリウール

マルセイユを後にして西へ向かいました。ローヌ河を超え、古代ローマの遺跡でも知られるニームを過ぎると、ラングドック地方が広がります。

ラングドックの拠点というと、モンペリエです。歴史的建造物が多く、多くの観光客を魅了するこの町には大きな有名大学があります。中世からの学園都市だけあって夜になると広場は若者をはじめ大勢の人々で賑わいます。そこで目を引くのは中華料理街ですが、残念ながら美味しかったという記憶はありません。

モンペリエからさらに西に向かうと、いよいよ美食とワインに出会う本格的な旅が始まります。

モンペリエから30キロメートルほどのところにあるのが、港町セートです。港湾と地中海に面したリゾートで、ヨットが並ぶ港には魚介のレストランが軒を連ねます。

この町の名物はなんといっても、牡蠣とイカです。どの店のメニューにもこの２つは載っています。グリルや鉄板焼き、ルイユと呼ばれるイカをトマトと白ワインで煮た料理が有名です。

これに合わせる地元のワインは、ピクプール・ドゥ・ピネという白ワインです。ラングドックは赤ワインのアペレーション〔原産地呼称〕が多いのですが、ピクプール・ドゥ・ピネは白ワインのみという、ラングドック地方唯一のアペレーションです。香りはニュートラルでドライ、海を眺めながら喉を鳴らして飲むのにぴったりなワインです。後味には海のミネラルのような塩味が残ります。生牡蠣やムール貝とも最高に楽しめます。

また、ブーリッドというセート版ブイヤベースも有名です。地元の人たちに言わせると「ブーリッドはブーリッド。ブイヤベースとは全く違う!」なのかもしれませんが。ブイヤベースとの違いは、こちらはアンコウが主役で、そのほか白身魚、それもスズキやヒラメといった大型の魚が使われます。一方のブイヤベースは根魚《ねうお》〔岩礁や海藻の中に棲み、遠くへ移動しない魚〕が中心です。クリームとレモンが利いていることも、ブーリッドの特徴です。

さらに西に向かい、ルーション地方を目指します。近づくと、地図や標識を見なくてもそこに着いたことがわかります。空にそびえるような姿のピレネー山脈が見えたら、そこがルーションです。北カタルーニャとも呼ばれるフランスでも独自の文化、風景を持つ地域です。高速道路のボードにはBarcelonaの文字が見え、すぐそこはスペインだということを示しています。大都市ペルピニャンを過ぎるとバニュルス・シュール・メールという、海沿いの美しい街に着きます。

バニュルスというと天然甘口ワインが大変よく知られていますが、コリウールという通常のドライなワインも造られています。コリウールはロゼや白ワインも認められていますが、イメージとしては圧倒的に赤ワインでしょう。

この町の名物料理は、マルミットと呼ばれるものです。浅底の銀鍋に、別の鍋をかぶせて蝶番で合わせ蓋にしたもので、上の鍋、つまり蓋を開けると、魚介がびっしり詰まっています。ブイヤベースのようにスープと魚は別々に食べるのではありません。そして魚だけでなく、貝やエビも入っています。スープは白ワインベースです。鍋料理好きの日本人にはずっと好みに合うように思います。

マルミットに合わせるワインはというと、コリウールの赤ワインなのです。実は、これは意外でした。この地中海の旅ではブイヤベースといい、ブーリッドといい、魚介料理というと白ワインがお決まりだったからです。

バニュルスの著名な生産者、パルセさんに連れて行っていただいた、真っ青な海に面したレストランでは、白ワインを飲んでいる人はあまりいませんでした。「魚はみんな一本釣りだから、本当に美味しいんだ。スープは白ワインベースだけど、僕たちはコリウールの赤と楽しむんだ」と、もてなしてくれました。白ワインベースとはいえ、スープは少し赤く色づいていて、脂も浮いており、濃厚な感じがするものです。そして、コリウールの赤と本当によく合うのです。

「その理由はね、これさ」

チョリソです。しっかりと辛味があり、塩味とともに脂分をスープに足しています。魚介出汁の旨味と、チョリソの動物性脂肪分の旨みをまとった魚介なら、しっかりした味わいの赤ワイン、それも海風を受けるブドウ畑から生まれるワインならではのもので、まさに「テロワール」のハーモニーでした。

このルーション地方ではグルナッシュ・ブラン、マカブー、グルナッシュ・グリといったブドウ品種を使った白ワインも造られていますが、カタルーニャ、ピレネーの名産チョリソが加わることで、赤ワインとのペアリングが生まれたわけです。パルセさんの言葉通り、魚介が新鮮でふっくらと仕上がっており、本当に美味しいものでした。マルミット鍋という密閉の蒸し焼きによる効果も大きいのでしょう。

ブイヤベースから始まった南仏の美食と美酒の旅ですが、旅の最後の最後に思い出に残る料理、そして極上のペアリングに出会うことができました。

なお同じくラングドック地方の町カルカッソンヌでは有名なカスレ（これも鍋料理）も食べましたが、マルミットはこの旅以降食べていません。地元バニュルス・シュール・メール以外の場所で同じものを見たことがありません。その土地に行かなければありつけない料理とペアリング。ワインを学ぶ醍醐味ですね。またいつか、体験したいと強く思っています。

## ラングドック、ルーションのワイン *Languedoc Roussillon*

ワインの本では、たいてい「ラングドック・ルーション」として、ワイン産地として2つの地方がひとくくりにされていることが多いようです。確かに地中海気候、ブドウ品種もいずれも地中海系であるなど、2つの地には共通点があります。しかし、地図を見ればわかる通り、この地域は広大な範囲に及んでおり、文化的にも、出来上がるワインにも明確な違いがあるので、2つの産地として別々に考えるべきだと思います。

## ラングドックのワイン

ラングドック、特に東側で造られるワインは、シラー、ムールヴェドルといったブドウ品種の個性が出た、凝縮感があり構成のしっかりした味わいのものです。ローヌ地方などではシラーというと、スパイシーでがっしりしたボディのワインのブドウ、というイメージですが、ラングドックでは、ワインにエレガントさを与えるためにブレンドする、と話す造り手に多く出会います。

高品質なアペレーションである、ピック・サン・ルー、ラ・クラプ、テラス・ドゥ・ラルザック、フォジェール、サン・シニアン、コルビエール・ブトナックはいずれも内陸部に位置しており、これらのアペレーションは「シュマン・ドゥ・シスト（片岩質の道）」と呼ばれる、片岩質土壌のベルト地帯に連なっています。片岩質土壌の畑ではブドウは安定的に熟すことから、緻密で、奥行きのある風味、滑らかな舌触りのワインを生みます。もちろんそれぞれ個性はありますが、いずれもエレガントさを感じることができます。

ラングドックは「フランスのニューワールド」ともいわれるように、醸造技術を駆使した、新しいスタイル（より凝縮感があり、木樽の風味をつけた）のワイン造りをするワイナリーも散見されます。大変ダイナミックな産地です。

## ルーションのワイン

なだらかな起伏や台地にブドウ畑が広がるラングドックに対して、ルーションは斜面が多く、特にバニュルス・コリウールは円形劇場のような地形の急斜面で、大変荘厳な風景のなかに畑が点在しています。

ブドウ品種はカリニャンを主体とした、より果実のピュアな印象があり、丸みのあるふくよかな味わいとなるものが多いです。グルナッシュ・ブラン、グルナッシュ・グリ、マカブーといったブドウから生まれる白ワインは近年品質向上が著しく、木樽醸造、木樽熟成とのマッチングもよく、新世代の生産者も台頭目覚ましいこの地は、今後ますます注目されることでしょう。

特にコート・カタランというアペレーションの生産者に、こういった特徴が顕著に見られます。香りは凝縮感と華やかさを併せ持っていて、フラワリーな芳香性が魅力です。味わいは肉厚で豊潤、肉料理とも合わせられます。料理との相性ということを考えると、ルーションのほうが汎用性が高いと個人的には感じています。

## ルーションと楽しめる料理

本文では魚介料理を紹介しましたが、ピレネーという山地でもありますので、鳩、牛、豚などの肉料理、サラミ、チョリソなどシャルキュトリ〔豚肉をつかった加工料理〕も有名です。

またスペインの影響もあり、ラード、キノコ（カタルーニャ人はキノコ好きだそうです）、パプリカ、ピレネーのチーズ、さらにアンズ、チェリー、ピーチなどフルーツも名産という、知られざる美食の地なのです。

- サラダ・グルマン
- 焼き野菜（パプリカ、ナスなど）
- パエリヤ
- エスカルゴグリル アイオリ
- アカザエビ バニュルスソース

豚肉のポテ（ポトフ）

**ルーションに合う食材、コンディメント（薬味）**

アンチョビ（タルティーヌ、ピザ、サラダ）

トマトソース（カジキマグロ、鶏肉）

## ラングドック、ルーションのワインのお勧め生産者

**ラングドック**

マス・ジュリアン（*Mas Julien*）〈テラス・ドゥ・ラルザック〉

アルキエ（*Alquier*）〈フォジェール〉

レオン・バラル（*Léon Barral*）〈フォジェール〉

アラン・シャバノン（*Alain Chabanon*）〈モンペイルー〉

クロ・マリ（*Clos Marie*）〈ピック・サン・ルー〉

マス・シャンパール（*Mas Champart*）〈サン・シニアン〉
ドーピヤック（*d'Aupilhac*）〈モンペイルー〉
プリュレ・サン・ジャン・ドゥ・ベビアン（*Prieuré Saint Jean de Bébian*）〈ペズナス〉
クロ・ペルデュ（*Clos Perdu*）〈コルビエール〉

## ルーション

ゴービー（*Gauby*）〈コート・ドゥ・ルーション・ヴィラージュ〉
マス・アミエル（*Mas Amiel*）〈モーリー〉
オリヴィエ・ピトン（*Oliver Pithon*）〈コート・カタラン〉
ラ・レクトリー（*La Rectorie*）〈コリウール〉
ロック・デ・ザンジュ（*Roc des Anges*）〈コート・ドゥ・ルーション・ヴィラージュ〉
ル・スーラ（*Le Soula*）〈コート・カタラン〉
カズノーヴ（*Cazenove*）〈コート・カタラン〉
サルダ・マレ（*Sardat Mallet*）〈コート・ドゥ・ルーション〉

bits of knowledge

ワイン豆知識 6

# バースデーヴィンテージ

ワインに興味がなくとも、自分の生まれ年のワインが贈られたら嬉しいものです。ただ、少なくとも20年は熟成したものですから、「まだ飲める状態なのか」と心配になるかもしれません。その際参考になるのは、ヴィンテージチャートです。これは、ヴィンテージごとに点数で評価をつけたものです。ただしあくまでチャート作成者の判断ですので、鵜呑みにするのは危険かもしれません。とはいえ、やはりより高い評価を受けたヴィンテージは、何十年もの熟成に耐え、古酒としての悦びを与えてくれるものといえます。一方で「私の年はグレートヴィンテージじゃなかった」とがっかりされる方もいるかもしれません。難しいヴィンテージでも、造り手によっては素晴らしい出来になっていることもあります。病害虫が蔓延した年でもその被害に遭わなかったり、あるいは天候不順の年でありながらも、適切な処置で見事に成熟したブドウを収穫できる造り手もいるのです。ヴィンテージチャートが高得点ではない年に生まれた方は、造り手を選ぶことが大切です。

第7章

# ボージョレの鶏肉

フルーリー

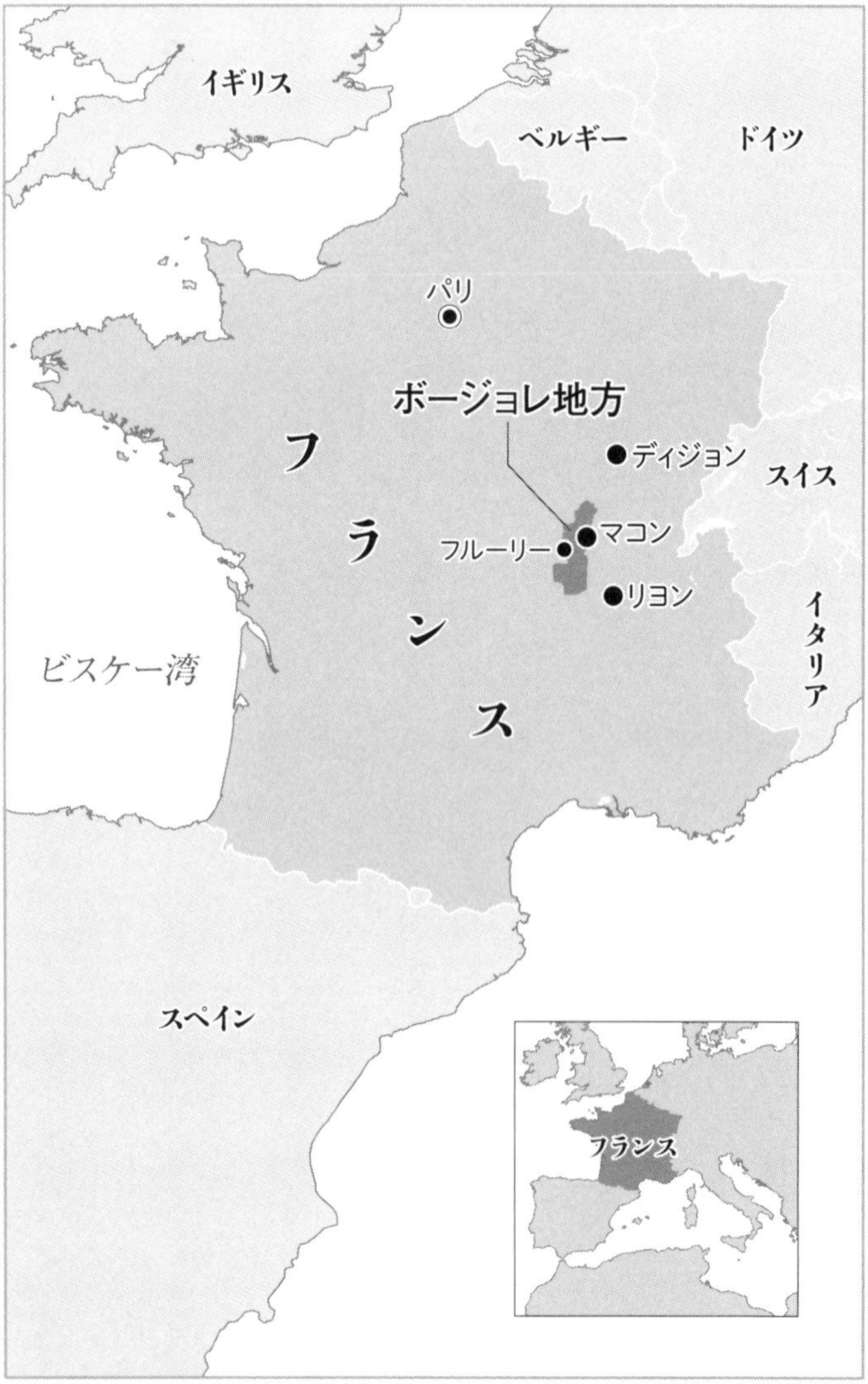

イギリス
ベルギー
ドイツ
パリ
ボージョレ地方
ディジョン
スイス
フランス
マコン
フルーリー
リヨン
イタリア
ビスケー湾
スペイン
フランス

ソムリエの能力が世間で注目されるようになったのは、随分前からのことです。私がソムリエを志した頃（1990年）から、すでにその人並み外れた嗅覚を駆使してワインの銘柄を次々と当てていく（ブラインドテイスティング）、というテレビ番組がよく放送されていました。

そのソムリエの存在をより広く認知させたのは、田崎真也さんです。フランスでの修業経験に、日本人的な感性を取り入れた独自のテイスティングセオリーとペアリングの提案で、一世を風靡《ふうび》しました。まだ駆け出しの頃、田崎さんと出会った私は、その圧倒的な能力に感嘆し、憧れ、模倣する日々を過ごしていました。そして田崎さんは1995年世界最優秀ソムリエになると、世界中から引っ張りだこの著名人となられました。

ある日田崎さんは、フランスのブルゴーニュ地方南部の有名なレストランでの話をしてくれました。

「ブレス鶏に合わせてワインを選ぼうとしたら、その店の若いソムリエが、ボージョレを勧めてきたんだよ」

私を含め、聞いていた若手ソムリエたちは「ほう」といった反応。しかし田崎さんは、「ブルゴーニュのほうがいいと言っても、そのソムリエが全然引かなくてまいったよ。ブルゴーニュのほうがいいと思わない？」

「はい！」（田崎さんがおっしゃるなら間違いありません）

そのとき、同席していた方が、田崎さんがどんな方かそのソムリエにそっと伝えて、その場は収まったそうです。「フランスのソムリエあるある」です。とにかく押しが強い。「私の言う通りにしないと失敗しますよ」といった対応で押し切られ、嫌な想いをした日本人は、フランスの旅行者の8割くらいにのぼるのではと思うくらいです。接客としてはどうかと思いますが、それだけ思いが強いというふうにも理解することもできます。日本人ソムリエとしては、むしろ見習いたい部分でもあります。

田崎さんが話したかったのはその相性云々よりも、接客としてお客様を否定するような言動はよくない、ということだったと思います。いずれにせよ、そのときから私のなかでは「ボージョレと鶏肉はNGペアリング」となりました。

それから数年後、ボージョレのジョルジュ・デュブッフ社を訪れたときのことです。ボージョレというと、日本ではヌーボーがよく知られています。むしろ、ヌーボー以外のボージョレを知っている方は非常に少ないといっていいかもしれません。日本ではボージョレすなわちヌーボーで、大量生産、商業的なイメージが強いワインです。私もそんな認識をどこかで持っていました。

「ヌーボーの帝王」ジョルジュ・デュブッフ社は、その認識は正しいといわんばかりの独特の雰囲気を持っており、まず私の目を奪ったのは、その壮大なワイナリーでした。ヌーボーの時期は、なんとワイナリーからすぐの小さな駅（ロマネシュ・トラン）に高速列車（TGV）まで停めてしまうというのですから。村人のほとんどがジョルジュ・デュブッフに勤めているか、あるいは関連する仕事に就いているという、まさに帝王のような存在なのです。

そんなイメージとは裏腹に、ジョルジュ・デュブッフは小規模生産者も傘下に収めていて、品質重視・少量生産のワイン造りも手掛けています。世界へボージョレ・ヌーボーの名を広め、地元に大きな経済効果をもたらしているのと同時に、地元の村民や小規模生産者も支えるという、地元に偉大な貢献を果たしています。

ボージョレにはクリュ・ボージョレと呼ばれる上級の生産地域があり、長期熟成も可能な高品質なワインを産出しています。ブドウ品種はヌーボーと同じく、ガメイです。モルゴン（*Morgon*）はその中でもトップクラスの品質と評価を誇るワインです。私は、その生産者（ジョルジュ・デュブッフ傘下）の造るワインのオールドヴィンテージをテイスティングさせていただきました。

それは到底ガメイの赤ワインとは思えないものでした。緻密かつ芳香豊かな香り、口中でふわりと浮かび上がるようなエアリーな広がり、きめ細やかな渋みとスムーズな酸味が長い余韻となる、まるでブルゴーニュの上質なワインのようでした。

「ボージョレは熟成するとピノ・ノワールみたいになるのよ！」

造り手のマダムは嬉しそうに話してくれました。そのワインは、モルゴンの最良の区画、コート・ドゥ・ピィ（*Côte du Py*）のもので、別格のものだったとはいえ、ボージョレの奥深さには本当に驚かされました。

実際訪れてみて、もう1つ大きな発見がありました。それは、風光明媚な風景です。小高い丘が点在する起伏に富んだ地形を、色鮮やかな草花が覆い、かわいらしい民家が点在しています。

「なんていいところだろう」とため息が何度も出ました。フランス人がボージョレを表現するとき、ワインだけでなくその土地についても「Charmant（魅力に溢れた）」という表現を使います。実際に生産地を訪れると、そのことが本当に納得できます。

ランチは、クリュ・ボージョレの1つ、フルーリー（*Fleurie*）の村のレストランでいただきました。花（*Fleur*）という名の通り、花に囲まれたチャーミングな佇まいです。ワインはもちろん地元フルーリー産のものです。そして料理は、メニューにスペシャリティ（名物料理）と記された、「ブレス鶏、モリーユ茸とクリームソース」でした。つまり「ボージョレと鶏」の組み合わせです。「ボージョレと鶏肉はＮＧペアリング」という言葉が頭をよぎりました。禁じ手です。

ブレス鶏はフランス最高の鶏肉として世界で知られていますが、その産地がボージョレに近接しており、田崎さんが話してくれた件《くだん》の有名レストランはまさにその地域にあります。つまり、ここに来たらぜひ食べてもらいたい地元食材なのです。

ランチをご一緒した造り手の方やレストランのマダムを前に、「ワインがボージョレなので、鶏肉はやめておきます」とは到底言えるはずもなく、ブレス鶏をいただきました。もちろん大変美味しかったのですが、自分のなかのルールを破った後ろめたさがあって、手放しに喜べませんでした。

もちろん、店内はみんな「ボージョレと鶏」に舌鼓を打ちながら、楽しく過ごしています。相性はというと、味覚的にピッタリとは私には感じられませんでした。テイスティングさせてもらったモルゴンのような熟成したボージョレなら大変よく合うと思います。ですが、ランチでいただいたのは、比較的若いヴィンテージのフルーリーで、華やかでチャーミングな果実味が前面に出ているものでした。そういうタイプだと味覚的には違和感があるように思いました。しかし、現実的には熟成したボージョレに出会う機会はほとんどありません。私はソムリエとしてまもなく30年を迎えることになりますが、このペアリングを提供したことがありません。「その土地同士のペアリング」を主軸として考えている者としては、特殊な例です。

「ボージョレとブレス鶏」は間違いなく、その土地の食文化を色濃く反映したものです。ワイン産地を訪ね、その土地の名産の料理とともに味わう。ワイン好きにとって一番の至福のときです。そんな至福のペアリングを否定することはできません。これからも末永く、訪れる人々を魅了してゆくことでしょう。私もボージョレを訪れる機会には必ずまた食べたいと思っています。ボージョレ以外の土地では、私がお客様にお勧めすることはこれからもないかもしれない「封印されたペアリング」といえるでしょう。

## ボージョレワイン *Beaujolais*

ボージョレは、ブルゴーニュ地方南部のマコンから、フランス美食の都市であり金融都市としても知られるリヨンの間に広がる産地で、北部に銘醸産地であるクリュ・ボージョレが集中しています。

ワインの勉強をされた方は、ボージョレと聞くと、マセラシオン・カルボニック（ＭＣ）と呼ばれる醸造法が代名詞のように頭に浮かぶのではないでしょうか。ブドウを房ごと密閉したタンクに詰めます。すると果実がその重みで潰れ、果汁が浸み出ることで発酵が始まり、炭酸ガスが発生します。そのまま保持することで、果皮からの成分（色や香り）が抽出されます。これをプレスして、アルコール発酵を行うのがＭＣと呼ばれる醸造法です。

アルコール発酵を進めながら成分を抽出させていくという、通常の赤ワインと違い、果汁のみで発酵を行うため抽出成分が少なくなりますが、赤ワインらしい色や香りが付いた、より香りが華やかで、渋みの少ないワインが出来上がるのです。つまりヌーボーのように、収穫後2ヵ月足らずで瓶詰めするという、短期間での赤ワイン醸造法ともいえます。

また、MCはヌーボーのようなワインのためだけのものではありません。房を丸ごと仕込む（除梗《じょこう》しない）場合には部分的にMCと同じ作用が起きているので、早飲みタイプワイン（フレッシュさを楽しむタイプのワイン）以外にも採用されている醸造法でもあります。またブドウ品種によってはMCが効果的なものもあります。

クリュ・ボージョレのワイン造りでは、MCは行われないか、または行われたとしても限定的になります。房ごと仕込むか、除梗するかは、造り手によって分かれます。私にとって、個人的には後者のほうが気に入っています。ボージョレのイメージである「チャーミングな果実味」が際立っているからです。

クレイジーといえるほどにヌーボー熱の高かった日本ですが、近年は輸入量もピーク時の半分にまで減り、これからは真のワインとしてのボージョレが楽しまれる時代がやってくることでしょう。バブルを知らない新しい世代は、「ボージョレといえばヌーボー。ジュースみたいなワイン」という認識とも無縁ですから、彼らの世代で支持されるはずです。

ガメイというブドウ品種は、フランスでは歴史的に劣悪なワインを造ると考えられていたため一斉に引き抜かれたこともあり、イメージは決してよいものではありませんでした。しかしそれはガメイが悪いのではなく、大量生産ワイン用にされていたからで、適切な収量から生まれたワインは魅力的なものになるのです。

近年、ピュアな果実香、ジューシーな味わいで、ほどよい渋みの赤いワインが世界的に人気です。ガメイはそういった点で、スタイリッシュなブドウ品種として、「＝ヌーボー」「＝品質の低いワイン」とは全く違った評価を受けているのです。現にオーストラリアのヴィクトリア州から素晴らしいガメイが生まれています。ピノ・ノワールで名高いオレゴン州（アメリカ）でも、ガメイに注目が集まっており、生産が始まっています。カナダのオンタリオ州の造り手からも、「いいガメイを作ろうと思っているんだ」と聞きました。これからますます増えていくことでしょう。

ガメイの魅力は、ピュアな果実味とジューシーさ、ほんのりと香るスパイシーさです。世界中のワイナリーでカベルネ・ソーヴィニヨンやピノ・ノワールが造られているなかで、「飲みやすさ」という個性も独自性として認められているのです。

## ボージョレワインと楽しめる料理

「リヨンのワイン」とも呼ばれるように、リヨン料理との相性は間違いありません。まずは豚肉。

リヨン旧市街で軒を連ねるビストロは、どこも人で溢れています。席を待つ間、カウンターにどっさりと大きなボウルに盛られているグラットンをつまみに、ボージョレを立ち飲みします。グラットンとは、豚のバラ肉などを細かく刻んで、ラードで揚げたつまみです。「豚の脂をラードで⁉」と驚かれるかもしれませんが、食べるとやみつきになります。

ソーセージやハムはもちろん、ロース肉のオーブン焼きや三枚肉をこんがり焼き上げた料理が格別です。付け合わせとして欠かせないのが「じゃがいものリヨン風」です。じゃがいもをたっぷりの玉ねぎとともに炒め煮したもので、これがまたボージョレと合わせると、素晴らしく美味しいのです。

その土地同士のペアリングではないのですが、ぜひお勧めしたいのが、ブリー・ドゥ・モーという白カビチーズです。パリ近郊で作られる大判の丸いチーズはカマンベールと同じく大変人気があり、チーズを置いている店でブリーがないところはないといえるほどです。１９９８年、世界コンクールの準備のためにパリで研修をしたときにお世話になった、ジャン・クロード・ジャンボンさん（１９８６年世界最優秀ソムリエ）からの教えです。親日家のジャンボンさんは、「こちらのワインはブリーとてもよく合います」とボージョレを片手に日本語でおっしゃっていました。ジャンボンさんはボージョレ出身です。これ以上の説得力があるでしょうか。ある日、「リラックスも必要だから」と、奥様方の親戚が集まるＢＢＱに誘ってくださいました。そこは、パリから車で1時間ほどのところにある、奥様の実家です。そして地元のチーズがブリーでした。ジャンボンさんは自らの経験から、ボージョレとブリーがよく合うと認識されたのだと思います。ましてや奥様の地元のチーズですから、なおのことお勧めのペアリングとなったのでしょう。合わせると、チーズからもワインからも甘みが出てきて、大変心地のよい相性が楽しめます。

- シャルキュトリ（ハム、ソーセージ、パテなど）
- フレッシュチーズ（フロマージュブラン）のカナッペ
- 肉じゃが

- 酢豚
- メンチカツ

## ボージョレワインのお勧め生産者

- シャトー・デ・ジャック（*Château des Jacques*）
- シャトー・デュ・ムーラン・ア・ヴァン（*Château du Moulin-à-Vent*）
- ミッシェル・シニャール（*Michel Chignard*）
- ギイ・ブルトン（*Guy Breton*）
- ジャン・フォワラール（*Jean Foillard*）
- ジョルジュ・デコンブ（*Georges Descombes*）
- ジョルジュ・デュブッフ（*Georges Dubœuf*）
- アンリ・フェッシ（*Henri Fessy*）
- ラ・マドンヌ（*La Madonne*）

ⓟマルセル・ラピエール（*Marcel Lapierre*）
ⓟロッシュグレ（*Rochegrès*）
ⓟティボー・リジェ・ベレール（*Thibault Liger Belair*）

# テロワール

　ワインの専門用語は一般の人には理解が難しいものが数多くあります。その筆頭といえるのが「テロワール」という言葉でしょう。テロワールはフランス語です。直訳すると「その土地の個性」です。フランスのようなワイン伝統国のワインには産地の個性が明確に表れますし、造り手もそれを大切にしています。その産地の個性とは気候、地勢、土壌、風土や文化などで、人も含みます。こういった個性は細部にまで及び、気候1つとっても、数メートル範囲でその特徴が違うと考えられています。ブルゴーニュのコート・ドール地区ではブドウの畝が1列違うだけで、品質が全く違っていたりします。テロワールはワインの本質ともいえるでしょう。

　しかし「テロワールがもたらすものとは」となると、地元の人にとっても曖昧なのです。「このワインはテロワールを見事に表現していると言われましたが、その個性は何ですか?」と尋ねても明確な答えはほとんど返ってきません。個人的には「テロワールはワインの本質」と理解しながらも、あまり口に出さないようにしています。それはその土地に根ざした人じゃないとわかるはずがないことだからです。

# 第8章

# ジェラール・マルジョンさんのペアリング理論

「10年後にはニューオータニを辞める」と決めてから、すでに13年が経っていました。ホテルニューオータニに入社できたことにとても満足していましたが、外に出ていける力をつける、という目標を入社時に立てたのです。ちょうど10年目、世界コンクールに出場した際は、トゥール・ダルジャン、そしてホテルをあげて大変なサポートをしていただきました。アルマーニのタキシードの恩返し（第4章「シャンパーニュのビスケット」参照）をするために、その目標は先延ばしにしていました。

２００4年、世界的なスターシェフ、アラン・デュカスとシャネルが手掛けるラグジュアリーなレストラン、ベージュ・アラン・デュカス東京（以下、ベージュ）に移りました。ベージュではダイニング・マネージャーを3年間、総支配人を3年間とマネジメントに就きました。

そこで出会ったのが、ソムリエのジェラール・マルジョンさんです。彼は、アラン・デュカスが手掛ける世界中のレストラン（25〜30店舗）のワインリストとソムリエチームを統括しています。彼のプロ意識の高さは、世界最優秀ソムリエにもゆうに匹敵するものでした。私にとっては「最もプロ意識の高いソムリエ」です。ベージュでの6年間、マネジメントつまりオフィスワークや諸事にとらわれながらも、ソムリエとしてのエスプリを保つ、むしろ高めることができたのは、間違いなくマルジョンさんのおかげです。

ワインのセレクト、サービス、セラーの管理、テイスティングなど、彼の頭の中、いや全身は、いつもワインとソムリエで一杯でした。ソムリエという、ワインというアングルから姿勢が乱れることはありません。

その中でもペアリングについては、明確な理論を持っていて、もちろん一切の妥協はありません。マルジョンさんは徹底的に削ぎ落とすペアリングを求めていきます。アラン・デュカス氏の削ぎ落としていく料理のアプローチがそうさせているのでしょう。ミーティングから試食試飲に至るまで、「これは不要」「これも不要」と削ぎ落としていくのです。

ワインの生産者を招いてのワインディナーを6年間で何十回と開きました。この場合、ワインは決まっているので、調整するのは料理のほうになります。そこではマルジョンさんは全く遠慮なくバッサバッサと料理の削ぎ落としをシェフにリクエストします。これには私のペアリング理論においても大いに影響を受けました。

そんなマルジョンさんの「ペアリング構築の絶対ルール」を紹介したいと思います。

## マルジョンさんのペアリング構築の絶対ルール

### ・シンプルかつ明解であること

どんな素材、調理、ソースなのかという前に、まず料理としてシンプルであること、明解であることを求めます。

「この皿のメッセージはなにか？」

そこを重視するのです。つまり確固たる主役（主素材）と脇役（付け合わせ）がいて、演出（風味）がはっきりしていることです。数多くの素材が出てきて、複雑に風味が混ざった料理とワインを合わせることは極めて困難です。特に現代の優れた造り手は、やたらと手をかけたり本来の個性とは違った造りをするようなことはせず、テロワール（その土地の特徴）やブドウ品種、ヴィンテージ（その年の作柄、特徴）に率直なワインを造るのですから。

### ・グリーンを外す

白ワインでも、赤ワインでも、グリーンのもの、ハーブ、薬物が多過ぎる料理は、ワインと主素材の邪魔にしかなりません。徹底的に外していきます。シェフは料理の見栄え、彩りを大切にしますから、ハーブや薬物、食用花を飾り付けに使います。もちろん、ハーブや薬物野菜が主役、または味付けのポイントとなっている料理とならば話は別ですが。ワインの造り手は、理想的な成熟をしたブドウを収穫することを目指しています。そうすることで、青臭み（未熟香）を防ぐことができるのです。グリーンノート（青い香り）が特徴的なソーヴィニヨン・ブランでさえ、青々しい香りが前面に出ているものが減っているくらいです。つまり、ハーブや薬物の香りがワインと相乗することはあまりないのです。

### ・アーティチョークを赤ワインと合わせない

アーティチョークはフランス料理定番の食材で、料理人は好んで使います。もちろん、デュカスシェフもよく使います。肉の付け合わせとしての出番も多いのですが、「アーティチョークを赤ワインに合わせない」がマルジョンさんのルールです。

これには異論のあるソムリエもシェフも多いかもしれません。「仔羊のロースト・バリグール」はアーティチョークを添えた大変ポピュラーな料理で、プロヴァンスの赤ワインと楽しめます。マルジョンさんはモナコで長らく働いていましたから、それはよくわかっているはずです。「アーティチョークは白ワインで調理するからね」と言っていたのを覚えています。マルジョンさんは多くは語らないのですが、私の中でもいつしか、アーティチョークと赤ワインの組み合わせはタブーとなっていきました。

それから何年も後に、ブルゴーニュの生産者を囲むディナーに参加したときのことです。ワインも料理も素晴らしかったのですが、魚料理の付け合わせにアーティチョークが出てきました。ワインは赤でした。すると、ワインがすごく苦く感じられるのです。赤ワインを合わせつつ、アーティチョークを嚙むと、中から野菜の嫌なえぐみのようなものが出てきて、せっかくのワインと料理が台無しでした。料理とワイン、2人の造り手が心血を注いだ傑作が、組み合わせを間違えるとこんなことになるのかと痛感しました。やはりブルゴーニュは気難しいのです。アーティチョークはレモン汁でアク抜きをします。このレモンも赤ワインと合わなくなる所以なのです。

## ・ビーツを使わない

これも料理人に人気の食材です。真っ赤な色合いを皿の上に添えることができるからでしょう。マルジョンさんは「ワインの造り手は、ビーツに頼らなくても済むように努力をしているのに、最後にビーツを加えてはダメなんだ」と笑って言います。

ビーツは砂糖ダイコンともいうように、糖分を多く含みます。昔はブドウの成熟がおもわしくなく、糖分が不足しているときに補糖として使われていたのです。そんな小話は置いておいても、ビーツと赤ワインの組み合わせは容易ではありません。ワインの味わいの線が細いと、すごく酸っぱくなってしまいます。

## ・アンディーヴ、トレヴィスは合わせ方が難しい

苦味のある野菜全般は注意が必要です。うまく甘みを引き出すような調理をした場合には問題ありません。日本の山菜も春になると食べたくなる美味しい食材ですが、ワインと合わせる際には苦味に注意が必要です。

## ・ソース

ペアリングのチェックで最も大切なのは、ソースです。まずは出汁（フォン）ですが、ボルドーと合わせるなら、フォン・ドゥ・ヴォー（仔牛）、ブルゴーニュならジュ・ドゥ・ブッフ（牛）、というセオリーがあります。

加えるアルコールもコニャックなのか、マールなのか。仕上げの煮詰め加減や塩加減も、細かくシェフに聞きながらチェックします。「赤ワインソースなら大丈夫です」はソムリエとしてプロ意識が不足しているんだと、教わりました。

ソースの量も大切です。基本的に、たっぷりの量が望まれます。「ワインがソースの役割をする」といいますが、それは常に正しいとはいえません。ソースがあることでワインとの相性はより一層豊かになるのです。

なお、料理にワインを合わせる場合と、ワインに料理を合わせる場合は、アプローチが全く違います。後者では、料理はよりシンプルで、クラシカルな方がよいのです。そして、シェフの理解と協力が不可欠です。そのために、ソムリエはシェフからの信頼をいかに得て、両者が同じ方向を向いて仕事をしてゆくかが、ペアリング成功の大きな鍵になります。

そういった意味で、マルジョンさんは、シェフ、アラン・デュカス氏の全幅の信頼を得て、同じ方向に向いている、つまり究極のペアリングを実現している稀有なソムリエであり、私の目指すソムリエのモデルであります。

## マルジョンさんの選ぶワイン

繰り返しになりますが、マルジョンさんの選ぶワインはアラン・デュカス氏の料理のためにあります。つまりその料理に合いやすいワインを選びます。それはどんなワインかというと、次のような特徴があります。

### ・抑制されている

ワインには、グラスを鼻に近付けるだけではっきりと香りが感じ取れるものがあります。マルジョンさん風に表現すると、「発散型」のワインです。これはブドウ品種によるところが大きく、アロマティックといわれるブドウ自身の香りが強い品種です。ソーヴィニヨン・ブラン、シュナン・ブラン、ヴィオニエ、ゲヴュルツトラミナーなどがその代表です。

それに対して、「抑制型」のワインは、香りがあるのはわかるのですが、なんともいえない深みがあり、香りがグラスの底に潜んでいる、そんな感じです。テイスティングをかなりこなしていても、注意深く香りをとらなくてはなりません。

これはブドウ品種ではなく、栽培、醸造による部分が大きいのです。険しい環境（標高、急斜面、やせた土壌）、厳しく剪定（枝、葉を落としたり、芽かきをする）、長い生育期間（ブドウの房がついてから収穫までの期間が特に大切といわれています）、選果をし、健全な葡萄で、過剰に手をかけ過ぎず、ゆっくり醸造したワインに見られるようです。この場合、たとえアロマティック品種でも香りは少なからず抑制されています。

こういったワインが料理と緻密なハーモニーを生むというのです。

## ・エネルギーがある

ワインにエネルギーというと余計に難解な印象を受けるかもしれません。ですが、アルコール度数の高さでもなければ酸味や渋みの強さでもない、しかし味わうと力強さが感じられるワインがあります。こういったワインは大地の恵み、海の恵みを受けた素晴らしい食材と共鳴するのです。滋味と訳すことができるかもしれません。

このエネルギーの要因は、正直に言って確かな根拠はありませんが、根が地中に深く伸びているブドウ、樹齢の高いブドウ、それから火山性の土壌から生まれたブドウからできたワインに感じられるような気がします。

### ・調和している

香りにも、味わいにも様々な要素があります。フルーツの香り、花、ハーブ、スパイス、また熟成による香りなどです。味わいでは甘み、酸味、アルコール、苦味、渋みなどがあります。それらがどれか1つが際立つのではなく、同じレベルで融合して感じられるワインを、調和していると表現します。

## マルジョンさんお勧めの生産者

ここでマルジョンさんがベージュで企画したワインディナーに招かれた生産者を一部紹介します。マルジョンさんが認める生産者であり、ワインです。

**・シャンパーニュ**

ランソン（*Lanson*）

**・ブルゴーニュ**

シモン・ビーズ（*Simon Bize*）

トプノ・メルム（*Taupenot Merme*）

シャトー・ドゥ・ラ・トゥール（*Château de la Tour*）

ジャック・プリウール（*Jacques Prieur*）

テナール（*Thenard*）

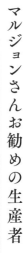

**・ボルドー**

- アンジェリュス（*Angélus*）
- シャトー・モンローズ（*Château Montrose*）
- シャトー・コス・デストゥルネル（*Château Cos d'Estournel*）
- シャトー・ル・ピュイ（*Château Le Puy*）

# ミネラル

ワイン・テイスティングにおける表現用語はさらに難解です。その最たるものは「ミネラル」でしょう。一般的にミネラルに香りや味があると認識している人は少ないでしょう。私自身、ワインによってはミネラルを表現に使うことはよくありますが、先述のテロワールではありませんが「曖昧な表現は避けるべきだ」という意見もあります。

ワインにおけるミネラルとは、鉱物や石灰、潮や貝殻などの香りを指します。「石灰質土壌から生まれたワインなので石灰の香りがする」「海風を受けるブドウ畑なので潮の香りがする」という解釈なのですが、土中の成分がブドウに吸収され、それがワインになったときに風味として存在する、という化学的な実証はありません。「テロワールは曖昧だから口に出さないというのに、ミネラルはなぜ表現として使うのか？」と矛盾を指摘されそうですが、ミネラルは確かに感覚としてワインに感じられるものだからです。今後も理解は深めていきたいと思っています。もちろん、お客様にワインを説明するときには使いません。

# 第9章

# オレゴンのサーモン

ウィラメット・ヴァレー ピノ・ノワール

カ ナ ダ
オレゴン州
カリフォルニア州
サンフランシスコ
ロサンゼルス
シカゴ
ニューヨーク
ワシントン DC
アメリカ合衆国
メキシコ

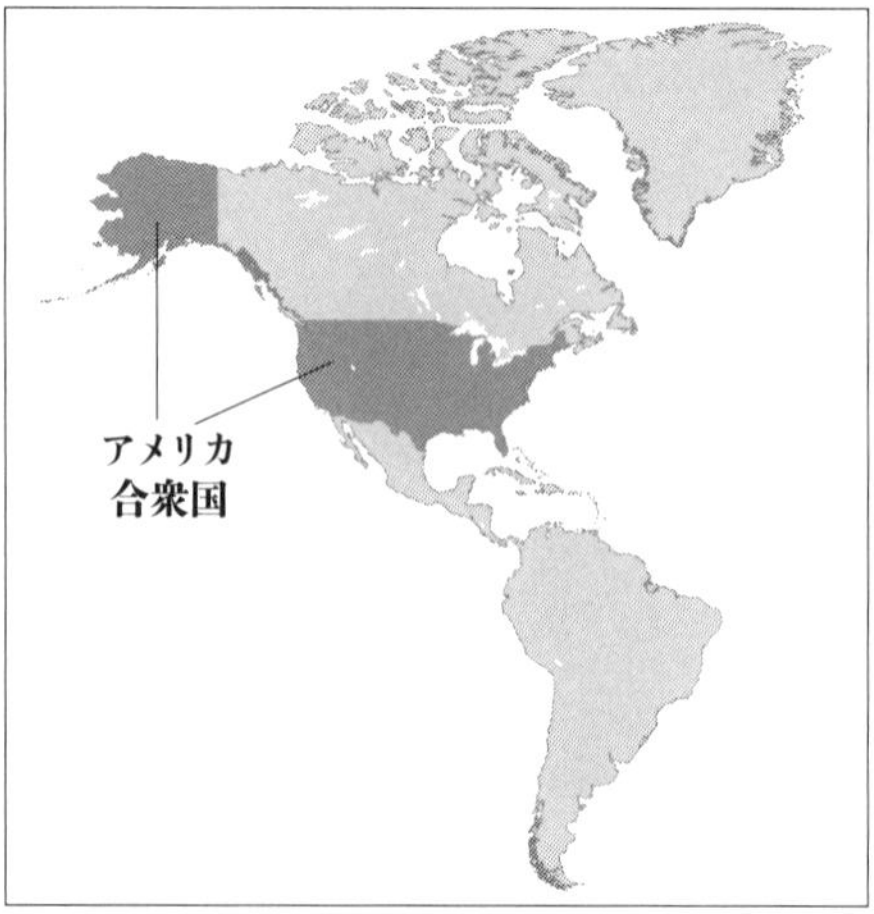
アメリカ
合衆国

ベージュ・アラン・デュカス東京（以下ベージュ）でマネージャーとして過ごしていくなかで、マネジメントを勉強するために読んだ本に次のような言葉が書かれていました。

「何ごとかをなし遂げるのは、強みによってである」

するとこの言葉が頭から離れなくなってしまいました。

「自分は強みで勝負しているのだろうか？」

そしてベージュでマルジョンさんというプロ中のプロからの影響を受けていたこともあり、ソムリエとして生きていくことをより強く意識するようになってゆきました。こうしてベージュを辞めたとき、「ソムリエ職に特化したい」と迷いなく思ったのでした。そのためにはフルタイムでどこかに所属するのは難しいだろう、年齢的にも役職者にならざるを得ないので、それだったらベージュで支配人を続けることと変わりありません。ですからフリーランスでいたほうがソムリエ職に集中できるし、今後自分の強みを活かしていけると思ったのです。２０１１年のことでした。

独立して少し経った頃、「オレゴンに行ってみませんか？」とのご招待をいただきました。このような話に即断即決できるのも、フリーならではのことです。初めてのオレゴン。ワインはもちろん、どんな食事ができるのか、すごく楽しみでした。

オレゴン行きの目的は、オレゴン・ピノ・キャンプというオレゴンワインの振興と教育を目的とした、一大イベントに参加することでした。アメリカを中心に世界中のプロが200名以上参加します。3日間にわたって様々なワークショップやセミナー、試飲会が開かれる大規模なイベントです。期間中テイスティングするワインは数百銘柄に及びます。さすがに疲れてしまって、試飲はほどほどになっていた参加者もいましたが、基本的に、みんなとても貪欲です。参加者の姿から、「試飲は喜びなんだ」ということを感じ取ることができるのでした。

もう1つの発見であり、驚きだったのが「質問の多さ」です。日本の場合、セミナーなどで主催者やスピーカーが「質問はありますか？」と問いかけると、大概、無言です。アメリカでは手を挙げる人ばかりなのです。スピーカーはむしろその質問者たちを仕切るのに追われるほどでした。中には話の途中に割って入って質問をする人もいて、それはそれでどうかとは思いましたが、その熱意には圧倒されました。

さてこのイベントのクライマックスは、生産者・関係者全員が集まるディナーです。メインはオレゴンの名物、サーモンベイクです。数十メートルにも及ぶ長さの焚き火に沿って並べられたサーモンを炙る、豪快なBBQ料理です。

その壮大さに驚きつつも、「今日はピノ・グリやシャルドネなのかな」と考えながら席に着くと、テーブルには所狭しとピノ・ノワールのボトルが並んでいます。年に1度のスペシャルイベントのハイライトだけあって「会費を払ったらいくらになるんだろう」と思わず考えてしまうような豪華なワインが気前よく用意されていました。

さらに、造り手たちが、とっておきのオールドヴィンテージのワインをマグナムボトルで「これをぜひ飲んでみてくれ」と振る舞ってくれるのです。「サーモンなのに……この後は肉料理が出るのかな。それともアメリカでは料理とワインの相性なんて、細かいこと言うな、という感じなのかな」とつぶやきながら、ふと十数年前のことを思い出しました。

1998年、初挑戦の世界大会（ウィーン）は散々でした。初めてづくしの環境に圧倒され、その時点ですでに負けていたようなものでした。自分の身体の8割が「不安」でできているような状態だったのです。テレビのドキュメンタリーで取り上げられたこともあり、カッコよく伝えられたようでしたが、実際は酷いものでした。目をつぶって両腕をやみくもにグルグル回している、一人喧嘩のようなもの。これで勝てるわけがありません。

しかし、ガッカリしている暇はありませんでした。帰国後すぐに行われた次の世界大会の日本代表選考を兼ねたコンクールで優勝し、再チャレンジが決まったのです。場所はカナダでした。

ウィーンでの私を見るに見かねていた田崎真也さんは、「事前に行ったほうがいいね」と、ご自身が招待を受けたカナダワインツアーに同行させてくださいました。事前に行ったくらいで結果がよくなるものではありませんが、「見知らぬ土地」ではないだけでも、かなり救われた気持ちになるのです。

カナダというと、日本ではアイスワインがよく知られていますが、辛口の白や赤ワインもしっかり造られています。赤はカベルネ・フランとピノ・ノワールが秀逸です。食事では何度か鹿肉が出てきました。

ある日のランチでは赤ワインに合わせて、サーモンのブルーベリーソースが出てきました。当時の私の感覚と経験からは、思いもよらない組み合わせでしたが、相性は決して悪くはありませんでした。それは間違いなく、ブルーベリーソースがピノ・ノワールとサーモンのつなぎ役を果たしていたのです。

さて再び話をオレゴンに戻しましょう。

「そうだったな、合うかもしれないんだ。ブルーベリーのようなソースが添えられれば」

ディナーの盛り上がりの頃、焼き上がったサーモンが大きな塊でサーブされたとき、ふと思いました。ソースはなく、付け合わせにはコールスローサラダという、いたってシンプルな料理でした。半信半疑で合わせてみると、ふっくらと焼き上がったサーモンとオレゴンのピノ・ノワールが素晴らしく美味しいのです。脂ののったパシフィックサーモンのおかげといってもよいでしょうか。ふくよかでしっかりした味わいの赤ワインは、ますますジューシーに感じられ、風味が口の中に広がりました。オレゴンのワインならではの酸味も、サーモンの身質と調和します。

食べている間じゅう、「なぜ合うんだろう？　どこのどういったところが合うんだろう？」という疑問が頭のなかで渦巻いていました。それまでペアリングにはセオリーがあり、相性には必ず理由があると思っていたのです。

そのようなことをあれこれ考えていたので、もったいない話ですが、このときはせっかくのとびきりのピノ・ノワールに意識がいかないまま、食べていました。なぜこの組み合わせがよいのか。今でも、サーモンの脂分とピノ・ノワールのきめ細かな酸味が調和するくらいしか、理論的な説明はできません。風味上の共通点や相乗するポイントは見当たりません。ペアリングにはこういった説明のつかないものも存在する、として結論付けるしかないのかもしれません。

これはピノ・ノワールならよい、ということではありません。ブルゴーニュとは合わないとは言いませんが、同じようなしっくりくる相性にはなりません。サーモンはアメリカのキング食材。赤ワインとともに楽しむメインディッシュなのです。

## オレゴンワイン *Oregon wine*

18世紀からワイン造りが始まっているカリフォルニアに比べると、オレゴンのワインの歴史は浅く、ブドウ栽培が始まったのは19世紀半ばです。本格的なワイン造りは１９６０年代以降に開始されました。１９７９年にパリで開催されたワインオリンピックで、ジ・アイリー・ヴィンヤーズのピノ・ノワールが上位入賞したことにより、オレゴンの存在は世界に知れ渡りました。その後、ブルゴーニュの著名なワイナリー、ドゥルーアンがオレゴンに進出し、「オレゴン＝ピノ・ノワール」のイメージは強まりました。「インターナショナル・ピノ・ノワール・セレブレーション」という国際的なイベントの開催地となったことも大きいでしょう。

ブドウ畑はカリフォルニアの北、太平洋側に広がっています。北緯45度に位置する産地は銘醸ワイン産地といわれますが、オレゴンはまさにその45度線上にあります。気温、日照時間、太陽の照射角度がブドウ栽培に理想的なのです。産地としては新しいのですが、畑の地層は古く、海から隆起した堆積土壌で、おおよそ3億5000年前のものです。そのような土地から生まれるワインには深みや滋味が感じられます。そんな懐の深さが、味わい深いサーモン料理と合わせられる所以なのでしょう。

小規模な生産者がほとんどで、自ら畑を持ち、栽培から瓶詰めまでを行っています。ワイン産地としては後発であること、家族経営のワイナリーが多いからだと思いますが、造り手同士のつながりが強く、謙虚な方が多い印象があります。もっとも、素晴らしいワインの造り手は、例外なく謙虚なのですが。

オレゴンワインのブドウは、まずはピノ・ノワール、そして続いてピノ・グリ、シャルドネです。近年ではガメイに注力するワイナリーも出てきているそうです。しかしオレゴンというと、どのワイナリーも例外なく、メインのワインはピノ・ノワールなのです。

そうなると、セールス面においては限界が生じます。どんなに品質が高いといっても、オレゴンのピノ・ノワールを何十も揃えるなんて、地元のショップやレストランを除いては、現実的ではありません。

そこで、新たな販売活路を作ろうと、ガメイやシラーを採用する生産地やワイナリーが出てきています。日本にはまだあまり入ってきていませんが、オレゴンのスペシャリティとして認知される可能性は大いにありますから、かなり期待できそうです。

オレゴンワインは基本パンチのあるスタイルではなく、ピュアで、清涼感があり、ブドウの個性が率直に表れたものです。ピノ・グリはフランスのアルザスのようなスタイルではなく、やはり清涼感のある、フレッシュさが売りです。シャルドネはクリーンでありながら、MLF[*]を完全に行ったものが多く、ニューワールドのワインとしては特徴的です。また野生酵母を使った醸造をするところも多く、その場合ワインは、奥行き、複雑みのある風味を備えます。

---

（＊）MLF：マロラクティック発酵の略称。出来たてのワインに多く含まれるリンゴ酸を乳酸菌の働きにより乳酸に変える醸造工程。これにより、ワインの酸味はよりマイルドになります。ニューワールドの温暖産地のシャルドネはMLFを完全に行うと酸味が少なくなり過ぎるので行わないか、部分的に行うところが多い。

## オレゴンのピノ・ノワールと楽しめる料理

ピュアかつ深みのあるワインは料理との汎用性が大変高く、フードフレンドリーと呼べるものです。素材のよさ、シンプルな調理、味付け、味わい深さが、合わせる料理のポイントです。

これらの要素を持つのは、なんといっても日本料理です。マグロやカツオなど赤身のお造り、ブリやヒラマサ、アンコウ、クエなど身質のしっかりした魚が合います。旬のノドグロもいいですね。肉料理ではありますが、牛刺し、馬刺しなども相性抜群です。素材を圧倒するような渋みや凝縮感ではなく、しなやかな味わいを持つオレゴン・ピノ・ノワールならではのペアリングをつくってくれると思います。

アメリカでも生牡蠣はよく食べられていて、シーフード・レストランのメニューにはタイプ（品種）別に載っています。オレゴンは牡蠣の名産地でもありますので、シーフードプラッター（冷製の魚介盛り合わせ）を注文すると、オレゴン産牡蠣がまずもれなく入っています。

その中で有名なのが、「クマモト」という牡蠣です。先ほどご紹介したオレゴン・ピノ・キャンプでは、「オイスター・テイスティング」もありました。大小、形も長細いものから円いものまで、様々な種類の牡蠣がズラリと並ぶなか、生産者が誇らしげに紹介してくれたのは、ＫＵＭＡＭＯＴＯという品種。「日本の熊本から種を取り寄せたので、クマモトという名前が付いたんだよ」と教えてくれました。「熊本県の牡蠣は日本ではあまり知られていませんよ」と言うと、驚いていました。それはそうでしょうね。彼らにとって熊本は牡蠣のメッカなのでしょうから。

ワインはピノ・グリ、リースリングといったドライかつ軽快なワインがよいのですが、シャルドネもノン・オーク（木樽の風味が付いていない）のものならよく合います。

- アヒポキ（マグロの漬け）
- カツオのタタキ　オニオンサラダ
- 馬刺し、鹿肉カルパッチョ
- アトランティックサーモン（厚切り）のホイル焼き
- ブリ照り焼き

鴨の治部煮《じぶに》

## オレゴンワインのお勧め生産者

ベルグストロム（*Bergström*）
ドゥルーアン（*Drouhin*）
エルク・コーヴ（*Elk Cove*）
ケンライト・セラーズ（*Ken Wright*）
ジ・アイリー・ヴィンヤーズ（*The Eyrie Vineyards*）
JKキャリヤー（*J.K.Carrier*）
ラッキーニ（*Lachini*）
リングア・フランカ（*Lingua Franca*）
セリーヌ（*Serene*）
ソーコル・ブロッサー（*Sokol Blosser*）

# 旨味

日本独自の難解な味覚表現です。和食が世界に注目されることで広まったといえるでしょう。しかし日本人の旨味と世界の人たちの感じる旨味には相違があります。日本人にとって旨味といえば出汁《だし》、つまりカツオなどの魚類や昆布に代表されるように、海のものがベースとなりますが、欧米人にとっては動物性のもので、肉やチーズの旨味を指します。また「旨味はアミノ酸。ということは、塩味を伴った苦味のことを指すのだから、単体の味覚成分とはいわない」など、池田菊苗博士（旨味の発見者）が聞いたら憤慨するようなことを聞いたこともあります。確かに曖昧な風味なのかもしれません。世界のソムリエたちは「UMAMI」をテイスティングで躊躇なく使い、そのワインを評価します。この場合の旨味は、塩味を伴った苦味ですから日本人の認識する旨味と同じ解釈です。ワインにはアルコール由来の苦味に加えて、アミノ酸由来の「旨苦味」が微量ながら含まれます。これは秀逸なブドウ畑で収穫されたブドウを用いたワインにしか感じられない風味です。こうしてワイン・テイスティングという日本とは縁遠いものに、日本語が加わったのです。

# 第10章

# アデレードのアジアン

ゲヴュルツトラミナー、ルーサンヌ、グルナッシュ

オーストラリア
西オーストラリア州
南オーストラリア州
ニューサウスウェールズ州
ヴィクトリア州
ブリスベン
パース
グリフィス
アデレード
シドニー
キャンベラ
メルボルン

2013年、世界最優秀ソムリエコンクールが東京で開催されました。

日本からは森覚さんが前回大会（2010年）で初出場ながら準決勝進出を果たし、今回もエントリー。上位入賞が期待されていました。森さんは学生時代にウィーンで行われた世界コンクールのテレビ放映を観て、教師になるはずだった進路を一転、ソムリエ志望に舵を切ったという人です。若いうちから早々に頭角を現し、次々と国内コンクールで好成績をあげていきます。初出場の世界大会（2010年）では誰からのサポートもなく、1人で努力を重ね、準決勝まで勝ち上がったのです。

今回は、私がトレーナー役をかって出ました。ソムリエ協会の協力をとりつけ、テイスティングやサービスのトレーニングを1年にわたって続けました。森さんは教師志望だっただけに大変勉強熱心で、知識に問題はありません。テイスティングも素晴らしく、ブラインドテイスティングでも次々と銘柄を言い当てる、比類ないセンスに恵まれたソムリエです。私は優勝の可能性も大いにあると、勝手な自信すら抱いていました。

さて大会が始まり、有力選手の顔ぶれを見て少々驚きました。フランス代表は前回大会3位入賞者でしたし、またアメリカ大陸代表のカナダの女性ソムリエや、ルーマニア代表の女性ソムリエも有力視されています。加えて、スウェーデンなど北欧勢も高い前評判でした。「ずいぶん多いな」と思わずつぶやきました。私が出ていた頃は有力選手は5名くらいでしたが、今回は少なくとも十数名はいるのですから。

早いもので私が最後に出場してから13年が経ちます。その間、世界コンクールの様相は大きく変化しました。以前は、公用語は完全にフランス語でした。コンクールには世界の36の国々（2000年当時）が参加しますから、中にはフランス語を話さない選手もいます（選手は母国語以外で出場するというルールがあります）。そんな彼らは会話にあまり入れない、そんな雰囲気すらあったのです。そして、上位入賞者はもちろん、優勝もみな、フランス語でエントリーした人でした。田崎真也さんもフランス語で優勝を果たしました。

しかし、参加国が50ヵ国へと増えるにつれ、英語の存在感が高まってきました。有力なソムリエも、ヨーロッパのいわゆるワイン伝統国（ワイン生産地やソムリエの文化がある）の出身者のみならず、北欧、北米などからも次々と台頭してくるようになりました。かつてはワインの専門的な本というと、フランス語で書かれたものが多かったため、フランスに行っては買い込んでいました。つまりフランス語がわからないと非常に不利だったのです。今ではインターネットや電子書籍など世界中どこにいても英語で記された情報を瞬時に入手することができます。ＩＴがもたらしたグローバリゼーションはソムリエの世界にも大きな変化を及ぼしていたのです。

結果、優勝はスイス代表のパオロ・バッソ氏でした。13年前、私とともに決勝の舞台で闘ったソムリエです。「まだ出ていたのか」と驚きながらも、同時に、私が知っているかつての彼よりもはるかにブラッシュアップされたパフォーマンスで会場を魅了しているその姿に、いささか嫉妬すら覚えました。そして世界ではここまで大きな変化が起こっていることを知らない自分が、トレーナーとしていかに不足していたかを痛感させられました。

「自分でやってみせることだ」

田崎さんから強い言葉をかけられました。

そして、3年後の世界コンクールに再挑戦することを決めました。

世界との距離を縮めるためには、世界の産地を回る必要がありました。フランスには毎年のように行っていましたが、それだけではもう通用しないことは思い知らされています。

そんななか、オーストラリアから招待の話をいただきました。初めての南半球のワイン産地訪問です。11月、スーツ姿でシドニーに降り立つと、周りはみな、半袖、ショートパンツの初夏の装いでした。「どうしたんだい？　日本人は真面目なんだなあ」という顔をされました。しかも、よりによってボンダイビーチに寄ったりしたものですから、その違和感たるやすさまじく、きっと景観を乱していたはずです。スーツで行ったのは、日本で仕事を終えてそのまま空港に直行し、帰国後もまっすぐ仕事に向かうことになっていたからです。またフランスで産地訪問するのにスーツはそれほど不自然なことではありませんから（もちろん産地にもよりますが）、まあいいか、と思い着替えないまま、シドニーに降り立ったのでした。

そして、ツアーの顔ぶれにも少し驚きました。中国、韓国、シンガポールといったアジア諸国のワインのプロが集まっていました。しかもソムリエといっても、飲食店に勤める人に限らず、輸入、卸し、ショップなど幅広く手掛けている人が多いのです。日本ではまだ店に常駐するソムリエが求められる傾向がありますが、我が国よりもさらに進化した働き方で活躍するソムリエたちがアジアには続々と誕生しているのです。

シドニーで集合したのち、すぐにグリフィスへ移動しました。同じニューサウスウェールズ州なのですが、移動は飛行機でした。さすがオーストラリア、広大な国です。

グリフィスは、ワイン産地でいうと、リヴァリーナ（*Riverina*）という名称になります。そこは人口の半分がイタリアからの移民ということから、イタリア料理店が多く、ワイナリーもイタリア品種によるワインを生産しています。ニューサウスウェールズ州というと、日本ではセミヨン、あとシラーズ、シャルドネという認識が共有されており、イタリア品種が多いことはまず知られていないでしょう。もちろん主要品種はセミヨンですが、このような多様性があるとは思いもしませんでした。

翌日はアデレードへと移動。南オーストラリア州といえば、シラーズで有名なバロッサ・ヴァレー（*Barossa Valley*）があります。良質なカベルネ・ソーヴィニヨンで知られるクーナワラ。クレア・ヴァレー（*Clare Valley*）といえばリースリングです。そんな世界に名だたる銘醸ワイン産地への期待に胸を躍らせながら、アデレードに降り立ちました。

ここでも同じような驚きが、いや今回は衝撃ともいえることがありました。

市街の人気ワインショップを訪れると、実に多種多様なワインが所狭しと山積みにされているのです。品種は、シラーズ、カベルネ、シャルドネ、リースリングはもちろんあるのですが、「こんな品種、オーストラリアにあるの⁉」と思わず目を奪われるような珍しいワインの品揃えでした。専門家たちはこういったラインナップを「A to Z」と称していました。「A＝アルバリーニョから、Z＝ジンファンデルまで、なんでもあるのがオーストラリアなのさ」と言います。しかも決して廉価なカジュアルワインではなく、ワイン愛好家に向けたプレミアムワインとしてその地位を作っているのです。

ランチはアデレード市内の人気レストランに連れて行っていただきました。通りのテラス席までお客様でぎっしりで、昼間なのにみなワインを楽しんでいました。メニューを見ると、「何料理だろう？　チリペッパー、ケイジャン……。フュージョンかな」と思いきや、料理が次々に運ばれてくると、それは完全にアジアン料理でした。

「オーストラリアでアジアンか……。そういえば、シンガポールやマレーシアのレストランではオーストラリアワインが多かったな」と思い出しました。これは地理的に比較的近かったこともあるからだと思います。

こういった料理はゲヴュルツトラミナー、ヴィオニエ、マルサンヌといった香り高く、スパイシーな後味のワインとぴったり合います。甘辛く味付けした肉料理には豊潤な果実味とスパイスフレーバー、そして甘みのあるクリーミーなテクスチュアのシラーズが合いますし、またグルナッシュをブレンドした赤ワインとも美味しく楽しめます。

これは、私にとって全くの初体験でした。これまでは、長い年月をかけて育まれた地方料理とその土地のワインをペアリングの基本として考えてきましたが、このような完全に異国、異文化のものが地元で自然に楽しまれることで、新しい文化が生まれているのです。

ランチを終え、街を散策していると、中国風やインド風、どこの国だかわからないようなものまで、様々な様式の建物が並んでいるのが目につきました。マーケットに入ると、食材も和洋中とバラエティに富んでいます。

これを見て思いました。様々な文化、様々な風味の食事には、多様性あるワインが求められるのです。ショップで見たときは「こんな色々あって売れるのかな」といぶかしく思いましたが、ようやく腑に落ちました。そして、「多様性」こそ、これからのワインのキーワードだということに気付かされました。

## 南オーストラリア州のワイン *South Australian wine*

オーストラリアでは、人口の集中している南部の州にブドウ畑が集中しています。首都キャンベラ、シドニーがあるニューサウスウェールズ州、メルボルンを州都とするヴィクトリア州、西端の西オーストラリア州、いずれの州でも高品質なワインが生まれています。

ここでは南オーストラリア州について触れたいと思います。

ワインの産地はアデレードを中心とする西側と、ヴィクトリア州に面した東側に大きく分かれています。東側の著名な産地はクーナワラ（*Coonawarra*）で、高い品質のカベルネ・ソーヴィニヨンを誇ります。

一方の西側では、まずはバロッサ・ヴァレー、シラーズのメッカです。古くからバロッサといえばシラーズとして知られ、カカオのような風味が特徴の豊潤な味わいの赤ワインを産出しています。ジェイコブス・クリーク、ペンフォールズ、ウルフ・ブラス、ピーター・レーマンといった大手ワイナリーのイメージが強いですが、若手生産者も出てきています。アデレードからすぐのアデレード・ヒルズ（*Adelaide Hills*）は、中規模の優良生産者がひしめく産地です。その名の通り、丘というか標高の高いところにブドウ畑が広がり、陽当たりがよく、風がいつも吹いていて、ブドウを冷やしてくれます。ここではまさに「A to Z」、様々な品種が栽培されているのです。1軒のワイナリーで20品種近くものブドウを植えているところもあります。シラーズに加え、ピノ・ノワール、ソーヴィニヨン・ブランがよいです。

海側のマクラーレン・ヴェールは地中海性気候で、ブドウもグルナッシュ、ムールヴェドルといった地中海品種から魅力的なワインが生まれています。バロッサ・ヴァレーから北へ100キロメートルほどのところに位置するクレア・ヴァレー、そこではリースリングだけでなく、奥行きのある風味のシラーズもあります。

オーストラリアの魅力はまさに多様性なのです。

## 南オーストラリア州のワインと楽しめる料理

先述の通り、南オーストラリア州といっても地域によって特徴がかなり違ってきます。よって一括りにはできませんので、ブドウ品種別に料理をあげていきたいと思います。

**・カベルネ・ソーヴィニヨン**

芳醇かつ、滑らかでふくよかな味わいとなるものが多く、スムーズな飲み心地も特徴です。

- ラムチョップ
- ローストビーフ

ⓢビーフシチュー
ⓢミートパイ

・シラー
凝縮感があり、スパイシー。酸味、渋みのがっしりとした骨格が特徴の味わい。胡椒や山椒などオリエンタルスパイスの香りが特徴なので、アジアンやエスニック料理と楽しめます。
ⓢラム串クミン焼き
ⓢ仔羊ミント風味
ⓢ牛肉ラグー カカオ風味

・グルナッシュ
香りが大変豊かで、丸みのあるヴォリューム感のある味わい。エルブ・ドゥ・プロヴァンス、オリーブ、アンチョビなど地中海料理に多用されるコンディメントと相性がよいです。

- 仔羊プロヴァンス風
- アンコウやスズキなどしっかりした身質の魚 赤ワインソース
- イカの墨煮

**・リースリング**

フローラルで清涼感のある香りと爽快な酸味が特徴です。キーライム、コリアンダーの風味とも相性がよいです。

- 青パパイヤのサラダ
- 生春巻き
- タイ風鯛サラダ

## 南オーストラリア州のお勧め生産者

**バロッサ・ヴァレー**

- エルダートン（*Elderton*）
- グラント・バージ（*Grant Burge*）
- ヘンチキ（イーデン・ヴァレー）（*Henschke*）
- ジェイコブス・クリーク（*Jacob's Creek*）
- ペンフォールズ（*Penfolds*）
- ロックフォード（*Rockford*）
- トルブレク（*Torbreck*）
- セッペルツフィールド（*Seppeltsfield*）
- スピニフェクス（*Spinifex*）
- ウルフ・ブラス（*Wolf Bros.*）
- ヤルンバ（*Yalumba*）

**アデレード・ヒルズ**

- デヴィエーション・ロード（*Deviation Road*）
- ネペンス（*Nepenthe*）

◎バイクス&ジョイス（*Pikes & Joyce*）
◎ショウ&スミス（*Shaw & Smith*）

**マクラーレン・ヴェール**

◎アンゴーヴ（*Angove*）
◎ダーレンベルグ（*D'Arenberg*）
◎ピラミマ（*Pyrramimma*）
◎ヤンガラ（*Yangarra*）

**クレア・ヴァレー**

◎グロセット（*Grosset*）
◎コーナー（*Koerner*）
◎パイクス（*Pikes*）

bits of knowledge

ワイン豆知識 10

# 慎ましい現代のワイン

ワインは香りが命、といっても過言ではありません。「テイスティングは香りだけでその大部分が済む」という著名なオーソリティーもいたほどです。ソーヴィニヨン・ブランなど香りのはっきりとしたアロマティックなブドウ品種が世界中に広まったことも、その一因といえるかもしれません。私自身、個人的には当時の風潮（1990年代）に違和感を覚えました。香りだ、香りだというが、それではテイスティングではなく、スメリングではないかと。

一方今日では、注目を集めるのは香りの華やかさを抑えたニュートラルなブドウ品種、ワインです。ヴィオニエやリースリングを使ったワインでも、以前よりはるかに香りは抑えられています。ワインは伝統ある産物ですが、同時に世相やトレンドを敏感に反映するものでもあります。また香りというのは、クローン技術や培養酵母、醸造技術など、人為的な操作でもって強くすることができます。環境保全やオーガニックが重視される現代では、より自然であることが求められるのでしょう。

# 第11章

# サンティアゴのウニ

レイダ・ヴァレー ソーヴィニヨン・ブラン

ペルー
ブラジル
ボリビア
パラグアイ
サンティアゴ
チリ
ウルグアイ
コルチャグア
アルゼンチン
チリ

百聞は一見にしかず、とは本当によく言ったもので、ワインの世界にも見事に当てはまります。それは特にニューワールドと呼ばれる国々で顕著に感じられることが多いです。ブルゴーニュを訪れたとき、本で読んだままの風景、街並み、郷土料理を目の当たりにし、感動したものでした。シャンパーニュ、フィレンツェしかり。しかしニューワールドでは日本で得られる情報に基づく認識と、実際現地を訪れて目の当たりにするものとの間には大きな違いがあり、いつも唖然とさせられます。その最たる例としてあげられるのが、チリです。

2015年チリワインの振興団体「Wines of Chile」から招待の話をいただきました。チリは未体験の地。そのうえ、滞在中に世界ソムリエコンクールの前哨戦である大陸大会[*]がチリで開催され、それを観戦できるというので、飛びつきました。

チリへの直行便はなく、パリを経由し、30時間ほどかけて到着。チリって遠いんだな、と身をもって感じました。首都サンティアゴに着くと、予想以上の大都会でした。チリは

(*) 大陸大会がヨーロッパ、アメリカ、アジアオセアニアの3ヵ所で開催される。優勝者は大陸代表として世界大会に出場する資格が得られる。ここではその中の、アメリカ大会。

鉄鋼業、特に銅で栄えた国で、日本企業も盛んに進出しています。

さてチリの名物はというと、セビーチェがあげられます。これは、魚介をキュウリや玉ねぎとともにレモンまたはライムでフレッシュマリネに仕立てたものです。オヒョウがよく使われますが、マグロや貝類のセビーチェもあります。チリペッパーとコリアンダーリーフ（パクチー）が利いた、チリを代表する料理といえます。これはペルーの名物料理でもあり、どちらが本家かは決着がつかないようで、ラテンアメリカ名物としておくとよいかもしれません。ちなみにペルーとチリはブドウから造るブランデー、ピスコでも本家の座を争っています。

このセビーチェに合わせるワインがあるのが、チリの強みかもしれません。ソーヴィニヨン・ブランです。サンティアゴのレストランで食べたセビーチェは、酸っぱいもの好きでも顔をしかめてしまうほど、レモンが利いていました。それがソーヴィニヨン・ブランと合わせると、とてもよく調和するのです。パクチーやキュウリの風味も手伝っています。チリペッパーの辛味も、ソーヴィニヨン独自の後味のピリッとした味わいとよく合っていました。セビーチェと合うのはソーヴィニヨンで、それも料理には、これでもか、というほど酸味を利かせるのがポイントなのです。

サンティアゴの中心地には大きなワインショップがあり、また、大手ワイナリーのロゴが看板になっているようなワインレストランも見つけることができます。こうしてみると、ワインで活況な街のように思えます。しかしＯＩＶ（世界ブドウ・ワイン機構）の統計（２０１7年度版）によると、チリのワイン消費量は日本よりも下位なのです。意外なことですね。お隣のアルゼンチンはスペインに次ぐ9位で、チリの5倍近い消費量です。ずいぶん大きな開きです。チリの人は「飲むより売る」なのかもしれません。

賑わっているワインレストランもあります。チリでワイン業を営んでいる方に、人気店のＢａｃｏへ連れて行ってもらいました。早い時間からウエイティングが出るほどの繁盛ぶりです。店内を見渡すと、地元の人より外国人が目立ちました。先述の通り、チリは鉄鋼業が盛んで日本企業も進出していますし、ドールやデルモンテといった著名なジュースメーカーの工場があることもあって、外国企業から出向してきている人が多いのです。

メニューはワインだけでなく、ビールやスピリッツなども豊富でしたが、やはりみんなワインを飲んでいました。

「石田さん、これぜひオーダーしましょう」と勧められたのは、ウニでした。

「チリでウニか……」

決してチリを見下しているわけではありません。フランスやイタリアでも、ウニは料理に使われます。しかし日本のウニは別格です。せっかくチリまで来て「日本のウニとは違うなあ」などと思うのは残念なことだと思ったのです。

すぐにウニがサーブされました。そしたらなんと、フランスやイタリアのそれよりもはるかに見栄えがよく、立派で、腹がキレイに揃っていました。そして、ココットにウニだけが盛られていて、日本のようなスタイルなのです。

このまま食べるのかと思いきや、「ライムを絞って、バゲットに乗せて食べて」と、作ってくれました。

「美味しい」

ミョウバンの香りもしません。それだけで十分な驚きと発見でしたが、「これにはソーヴィニヨン・ブランがいいでしょう」と勧められるがままに合わせてみました。すると、ウニの滑らかな食感とソーヴィニヨンのジューシーな触感、ライムの香りとワインのグリーンノート（柑橘やハーブの香り）とよく合っていて、それがウニとワインの吸着剤のようにハーモニーを作っています。ウニそのものと、ワインを合わせたのは初めてでしたが、これほどまでよく合うとは、ただただ驚くばかりでした。

のちに、駐日チリ大使とお話しする機会に恵まれたとき、「チリにとって日本はウニの最大の輸出先の1つだ」とおっしゃっていました。回転寿司、スーパー、デパ地下の鮨のウニはかなりの確率でチリ産ということになります。つまりチリのウニは日本人に馴染みのウニそのものだったわけです。チリは海産物の輸出も盛んで、サーモンも名産です。日本のスーパーの海鮮売り場には欠かせない存在となっているといいます。

## チリワイン *Chilean wine*

今日チリワインは、日本で最も馴染みのあるワインとなりました。不動の1位だったフランスを抜き、今や一番の輸入量を誇ります。人気の理由の1つが、価格の安さでしょう。コンビニエンスストアでも取り扱える手軽さで日本市場、日本の食卓にすっかり浸透しています。同時に「チリワイン＝安い」というイメージが定着しました。

チリは気候が温暖で、雨がほとんど降りません。ちょうど滞在中ににわか雨が降って、子供たちがはしゃいでいたのが、微笑ましかったです。東京で雪が降るようなものなのでしょう。大量生産を可能にしているのは、ブドウ作りにとって恵まれたこの気候のおかげです。かなり気温の高いワイン産地、というイメージを抱いていました。

しかし実際に訪れてみると、実はそうではありませんでした。4月だったのですが、朝晩はかなり冷え込みます。真夏ではないとはいえ、南半球では残暑の時期です。とりわけコルチャグアというサンティアゴより200キロメートルほど南下したところにある街では、お昼ごろまでずっと霧が立ち込め、涼しいというよりも、むしろ寒く感じられました。自転車でブドウ畑を見て回っていたら、手が霜焼けになってしまったほどです。このコルチャグアから素晴らしいワインが生まれます。それはスーパーやコンビニエンスストアなどで広まっている手軽なチリワインとは、比べようのない高品質のものです。

チリは南北に細長く延びており、沿岸部、アンデス山麓、中央部分と東西3つに分けることができます。大量生産のワイン用のブドウは、主に中央部分の温暖なエリアで収穫されます。この中央部でも高品質なワインは生まれてはいますが、今日品質志向の強い生産者にとっては沿岸部か、アンデス山麓の畑のブドウが人気です。

太平洋にはフンボルト海流という寒流があり、海からやってくる冷気のため沿岸部は冷涼なのです。またアンデス山麓は標高が高く、日照には恵まれますが、陽が沈むと気温は下がります。こういった環境で育つブドウで造られるワインは、風味に富み、上質な酸味を帯びます。それらのワインの価格帯は、2000円以上です。「チリワイン＝安い」というイメージを持つ人たちにとっては、高く感じられることでしょう。しかし、チリでこのような高品質の、いわばプレミアムレンジの素晴らしいワインがたくさん造られていることは、残念ながら日本ではあまり知られていません。チリワインは日本の輸入ワイン市場でナンバー1を占めていますが、その立役者である一般の購買者たちは、この事実を知るよしもないのです。しかも、他国の同価格帯のワインよりも高い品質のワインであるにもかかわらず、です。残念なことです。

「安くて美味いチリワイン」、それは間違いのないことです。「安くて高品質なチリワイン」がチリにはたくさんあり、それらは日本の食卓に乗る海産物と大変相性がよいことも、ぜひ知っていただきたいと思います。

## チリワインと楽しめる料理

チリでは、ワインと料理を合わせて楽しむという伝統がほとんどなかったため、チリワインならではのペアリングはあまりありません。販売の多くを占めるシャルドネ、カベルネ・ソーヴィニヨンが特にそうだといえます。ここではソーヴィニヨン・ブランにフォーカスして、相性のよい料理を紹介します。

### ・ソーヴィニヨン・ブラン

良質なソーヴィニヨン・ブランは北部のレイダ・ヴァレーのものと、中部のコルチャグアがあります。レイダ・ヴァレーは、よりドライで酸味が際立っていて、グリーンノート（フレッシュハーブや芝生の香り）がはっきりと感じられます。コルチャグアは、熟れたフルーツの風味があり、爽やかかつジューシーな味わいとなります。いずれもライムの風味を伴った爽やかな酸味が身上ですから、ライムを利かせた料理にはよく合います。

Ⓡ グリーンアスパラガス ヴィネグレット

- ホワイトアスパラガス オランデーズソース
- セビーチェ
- ワカモレ
- スモークサーモン ライム

## チリワインのお勧め生産者

- エラスリス（*Errazuriz*）
- フォン・シーベンタール（*Von Siebenthal*）
- エミリアーナ（*Emiliana*）
- コノ・スル（*Cono Sur*）
- マテティック（*Matetic*）
- アンティヤル（*Antiyal*）
- コンチャ・イ・トローテルーニョ（*Concha y Toro Terruño*）

- モンテス（*Montes*）
- カーサ・シルヴァ（*Casa Silva*）
- コイレ（*Koyle*）
- ヴィク（*Vik*）
- ペドロ・パッラ・イ・ファミリア（*Pedro Parra y Familia*）
- ブーション・ファミリー・ワインズ（*Bouchon Family Wines*）

# テクスチュア

香りと同じように重視されるようになったのは、テクスチュア、触感です。ワインにおいては食感（英語ではマウスフィール）も含まれます。前章のコラムで「（ワインは）世相やトレンドを敏感に反映する」と言いましたが、ワインが食卓で楽しまれ、団欒《だんらん》の最高の飲み物であることは、常に変わらぬ原点でありましょう。よいワインとは、料理と楽しめ、食卓の団欒の一助となるものです。

料理との相性に香りは大変重要な要素となりますが、やはり充実した味わいは不可欠なものです。それをつくるのが、テクスチュアです。テイスティングでは、流れるような（唾の出る）、ジューシーな、滑らかな、まろやかな、厚みのある、噛めるような、などと表現します。こういった表現を盛り込むことで、ワインの美味しさが伝わります。このことは現在、料理においても触感が重視されるようになっていることに呼応しているともいえます。文字通り、テイスティング（味わうこと）の時代となっているのです。ワイングラスを手にしたら、香りを嗅ぐよりも、ぜひ口中のテクスチュアを楽しんでください。

# 第12章

# ラ・マンチャの乳飲み仔羊

テンプラニーリョ

フランス
スペイン
カタルーニャ地方
アラゴン地方
バルセロナ
マドリード
プリオラート
ポルトガル
バレンシア地方
トメジョソ
バレンシア
カスティーリャ・
ラ・マンチャ地方
フミージャ
イエクラ
ムルシア
アンダルシア地方
ムルシア地方
スペイン

日本のワイン市場では長らく、フランスとイタリア、スペイン、そして前章で紹介した通りチリがここ数年トップを守っています。コストパフォーマンスのいいチリは上位4ヵ国の中では抜きん出ていますが、他の3ヵ国には共通性があります。それは、料理です。

ここですこし、近年のワインブームにつながる、日本における外食文化の歴史をたどってみましょう。

1970〜80年代はフランス料理全盛期です。マキシム・ド・パリ（1966年）の開業を皮切りに、フォンテンブロー（1970年）、ベル・エポック（1973年）、ロオジエ（1973年）、レカン（1974年）、アピシウス（1983年）、トゥール・ダルジャン（1984年）といった最高級レストラン、「グランメゾン」が時代をつくりました。ワインはそういったレストランで楽しまれていました。そこでサーブされるワインは、当然フランスワインです。格式ある名店での贅沢というイメージが、フランスワインだったと思います。日本のワイン市場がフランスワイン偏重だったのは、そういった背景から読み解くことができます。

1980年代後半、イタリア料理ブームがバブルとともに盛り上がります。1985年以降、イタリア修業から帰国したシェフたちによる本格的なイタリア料理は、バブル期のアンテナの高い人たちに受け入れられました。よりわかりやすく、カジュアルに、陽気に楽しめるイタリアワインに注目が集まったのです。こうしてしばらくの間、日本のワイン市場はフランスとイタリア2国でおおよそ半分を占める時代が続きます。

2000年前後、スペイン・バルのブームが訪れます。相次ぐバル開店に伴い、スペインワインの輸入量が一気に増えます。スペインワインの主たるイメージだったリオハとカヴァ、シェリーに加えて、リアス・バイシャス、ルエダの白ワインは大いに人気を博し、今や洋食メニューの定番にもなった「アヒージョ」とともに楽しまれました。また特色ある各地の赤ワインも次々と紹介されるようになりました。エルブリをはじめとする国際的なスーパーシェフたちの台頭で、高級レストランの勢いも加わり、「安くてうまい」スペインワインだけではないことも認知されるようになりました。現在、スペインワインは日本のワイン市場で4位を占めています。

このように日本では食、特に外食文化とともにワイン文化が発展しているという特徴を持っているのです。

2015年春、スペイン在住で、「スペインワインと食協会」の共同代表を務められている原田郁美さんより、プリオラートワイン・イベントにお誘いいただきました。初めてのスペインということもあって、すぐに飛びつきました。

バルセロナから西へ、車で2時間ほど走ると、プリオラートに着きます。こぢんまりとした閑静な町が点在しており、そこにはイベント参加者一同が泊まれるような大きなホテルはありません。プリオラートの町は海から30キロメートルほど内陸にあります。そこは山々の険しい急斜面に畑が点在する、「山のワイン産地」です。

2年に1度開催されるイベント「エスパイ・プリオラート」は、世界中から集まる約50名のワインのプロに対して、44軒のワイナリーがホスト、という大変贅沢なものです。ワイナリーツアー、テイスティング、セミナー、生産者との食事といった、充実したプログラムで構成される3日間です。生産者がまた豪華で、世界的に著名なビッグネームが迎えてくれます。各国の参加者も、世界最優秀ソムリエ、マスターソムリエ、著名なレストランのシェフソムリエ、ジャーナリストなどで、負けてはいません。こんな山奥にすごいメンバーがひしめく、実に稀有な3日間といえるでしょう。

プリオラートは、中世に修道士たちがスカラディという名の修道院の周辺でブドウ栽培を始めたという、歴史ある産地です。スカラディは、「天国へのはしご」という意味を持っています。現在でもその建物の一部が残っており、イベント会場にもなっています。昔はこの地で収穫されたブドウは、他の産地のものと混ぜられており、プリオラートという名のワインが知られるようになるのは、１９８０年代後半からです。それからの発展は目覚ましく、たちまち世界から注目される産地へと急成長を遂げました。現在プリオラートは、スペインで２つの産地でしか認められていない最上級カテゴリーD．O．Caを所有しています。

イベント終了後、原田さんのはからいで、ラ・マンチャの生産者、ヴェラムを訪問しました。プリオラート最寄りの鉄道駅タラゴーナから特急列車で4時間半で、マドリッドへ到着。さらに南へ２００キロメートル弱のところにある、トメジョソの村にヴェラムはあります。途中、有名な白い風車が並ぶ風景が続いていました。これを見ると、自分が「ドン・キホーテ」の舞台、ラ・マンチャにいることを実感します。

ヴェラム当主のエリアスさんにトメジョソ村の歴史あるレストラン、「アルハンブラ」に連れて行っていただきました。店内には生ハムが吊り下げられ、ショーケースいっぱいにソーセージが並び、いかにもスペインの食堂という雰囲気です。店の主人と馴染みのエリアスさんは、我々のために滅多に入らない特別な食材を頼んでおいてくれました。

それは、乳飲み仔羊です。乳飲み仔羊というとフランスのボルドーが有名ですが、フランス人にとって特別なご馳走です。マドリッドの名物といえば仔豚の丸焼きというイメージですから、これは予想外でした。

タパスをつついていると、乳飲み仔羊が運ばれてきました。いかにも柔らかく、優しい香りがたちこめ思わず唾が出てきました。その羊の焼き上がりは、あまり見たことのないものでした。羊というと大抵はローストです。しかし今回出されたものは、調理法を聞いてみると、ア・ラ・プランチャ、鉄板焼きでした。プランチャはアラン・デュカスら著名なシェフが取り入れている調理法で、スペインオリジナルです（日本でも鉄板焼きは名物ですが）。乳飲み仔羊という小さな肉を焼くには、オーブンだと火が入り過ぎるのかもしれません。鉄板でさっと焼くのが最良なのです。ジューシーな質感、ミルキーな風味を堪能しながら、何度もうなずきつつ舌鼓を打ちました。

ワインはもちろん、ヴェラムの赤ワインです。スペインの代表品種、テンプラニーリョとカベルネやメルローといったボルドー品種をブレンドした、芳醇で滑らかな赤ワインで、繊細な乳飲み仔羊の味わいを壊すことなく、肉の旨味を引き出してくれます。

料理を見たとき、テンプラニーリョだと強過ぎるのではと思いました。ラ・マンチャは大量生産型ワインの産地です。ブランデー用のブドウや、バルクワイン向けブドウの供給地で、高品質なワインを生むというイメージはありませんでした。近年、ヴェラムのような生産者により、品質志向への方向転換が徐々に進められています。そういった背景から、カベルネやソーヴィニヨン・ブランなど国際品種が採用されており、それが今回の素晴らしいペアリングの要因ともなったのです。

ヴェラムではソーヴィニヨン・ブランとゲヴュルツトラミナーをブレンドしたものや、ブランデー向けとされていたアイレン種で快適な白ワインが造られています。高級ワインとしての伝統がなかったからこそ、大胆な発想のアイディアが可能なのかもしれません。いや、これこそ、巨人にも勇敢に立ち向かうドン・キホーテの精神なのかもしれません。

## スペインのワイン *Spanish wine*

スペインは世界最大のブドウ栽培面積を誇り、生産量も第3位です。テンプラニーリョから造られるワインが大変秀逸で、リオハ、リベラ・デル・デュエロは世界最高峰の赤ワインとして知られています。量、質、名声において世界の上位に君臨する生産国です。前述の通り、加えてカタルーニャ地方、ヴァレンシア・ムルシア地方、アラゴン地方、ガリシア地方からも土着品種から個性豊かなワインが産出され、評価が高まっています。

スペインというと、灼熱の太陽のイメージから温暖な気候と思われるかもしれません。地中海沿岸地方（カタルーニャ、ヴァレンシア・ムルシア）こそ温暖ですが、内陸部はメセタと呼ばれる台地が広がり、平均標高６００メートルと高いところにあります。よって、朝晩は気温が下がる寒暖差のある気候です。北部のリオハやガリシアは穏やかな海洋性気候ですが、これも温暖とは言い切れません。地中海地方の産地は、畑が内陸側にあるところが多く、ブドウは大変よく熟し、やわらかみ、滑らかさのあるワインが生まれます。

近年、目覚ましい品質向上を遂げた産地というと、前述のプリオラート、ガリシアのビエルソ、ムルシアのフミージャやイエクラがあげられます。安定のカヴァはコストパフォーマンスの高いスパークリングで、日本でも大変人気です。高額なものも注目を集めています。バスクとカタルーニャには数多くの世界的な高級レストランがひしめき、それに伴い、高額なワインの生産も盛んです。

スペインを代表するワインはなんといってもテンプラニーリョ種から生まれる赤ワイン

です。スペインのほぼ全土で栽培され、圧倒的な存在感を示しています。特にリオハとリベラ・デル・デュエロは世界でも有数の高品質な赤ワインです。テンプラニーリョの特徴は、芳香豊かで深みのある風味を持ち、酸味とアルコール、渋みのしっかりとした骨格のボディの長期熟成が可能な赤ワインとなります。

ピンチョスやタパス、パエリヤはスペイン料理をよく知らない人でも耳に馴染んでいるものなっていますし、カジュアルプラスのワインも容易に入手できます。そして世界最先端の高級料理と、それに合う、ワイン愛好家にとって垂涎の銘柄にも事欠きません。この守備範囲の広さと明解さがスペインワインの魅力で、これからも日本で愛され続けるでしょう。

## スペイン・テンプラニーリョの赤ワインと楽しめる料理

先述の通り、仔羊、名物の仔豚が定番です。ワインは生肉や熟成肉など動物的な風味を備えますので、ジビエ料理とも楽しめます。凝縮感もその特徴ですので、煮込みや濃厚なソースがかかった料理、加えて、チリペッパーを利かせた料理ともアクセントの効いた相性となります。

◎ポークソテー パプリカ風味
◎ジャンバラヤ
◎ケイジャン・ポークチョップ
◎チキン・ファヒータ
◎グヤーシュ

## スペインのワインのお勧め生産者

・**カヴァ**
◎ジュヴェ・イ・カンプス（*Juvé y Camps*）
◎グラモーナ（*Gramona*）

カステルロッチ（*Castellroig*）

ジロ・リボ（*Giró Ribot*）

**・プリオラート**

アルバロ・パラシオス（*lvaro Palacios*）

クロス・モガドール（*Clos Mogador*）

フェレール・ボベ（*Ferrer Bobet*）

グリフォイ・デクララ（*Grifoll Declara*）

マス・マルティネ（*Mas Martinet*）

**・リベラ・デル・デュエロ**

アアルト（*Aalto*）

アバディア・レテュエルタ（*Abadia Retuerta*）

ドミニオ・デ・ピングス（*Dominio de Pingus*）

アシエンダ・モナステリオ（*Hacienda Monasterio*）

ペスケラ（*Pesquera*）
ベガ・シシリア（*Vega Sicilia*）

**・ルエダ**

ホセ・パリエンテ（*Jose Pariente*）
ナイア（*Naia*）
シルガ（*Silva*）

**・トロ**

ヌマンティア（*Numantia*）
ピンティア（*Pintia*）

**・リアス・バイシャス**

アデガ・エイドス（*Adela Eidos*）
マーティン・コダックス（*Martin Codax*）

@パソ・デ・セニョランス（*Paso de Señorans*）
@パラシオ・デ・フェフィニャネス（*Palacio de Fefiñanes*）

**・ビエルソ**

@ホセ・パラシオス（*Jose Palacios*）
@ラウル・ペレス（*Raul Perez*）

**・ヴォルデオラス（ビエルソ）**

@ボデガス・ゴディヴァル（*Bodegas Godeiva*）
@パゴス・デ・ガリヤ（*Pagos del Galir*）
@ラウル・パラシオス（*Raul Palacios*）
@ヴァル・デ・シル（*Val de Sil*）

bits of knowledge

ワイン豆知識　12

# 和食とワイン

40年ほど前は、和食にワインは合わないという固定観念があったといいます。1983年に国内のソムリエコンクールで優勝した田崎真也さんは、当時日本料理店に勤めていましたが、翌日から取材攻勢にあったそうですが、例外なく「和食とワインは合わないでしょう?」と言われたそうです。醤油や味噌は塩気が強いのでワインとは合わないというソムリエや愛好家が多かったのでしょう。

今日、その観念は完全に過去のものとなっています。和食が世界で注目されることで、世界中のソムリエはどんなワインが和食、もしくは和食のようなテイストや仕立ての料理と合うかを考え、実践するようになりました。確かに、梅干しや塩辛などとは難しい部分がありますが、そもそも梅干しを一品料理として食べている人はいないわけです。和食に用いられる主素材、そして上品な味付けの料理には、むしろ現代のワインは大変よく合うのです。醤油や味噌、出汁《だし》についても、化学調味料を使わないような上質な調味料とは全く違和感なく合わせることができます。

# 第13章

# リオハのタパス

リオハ

フランス
サン・セバスチャン
ナバラ
バスク地方
ログローニョ
カタルーニャ
地方
ラ・リオハ
地方
アラゴン
地方
マドリード
ポルトガル
スペイン

スペイン

日本には、ワインと料理のように双方を引き立てるというペアリングの習慣は伝統的にはありません。一方で日本酒においては「アテ」という表現があります。酒を飲み進めるためのツマミで、塩辛い珍味などがそれにあたります。懐石料理の八寸《はっすん》は、そのアテを盛り込んだものです。日本酒と料理の相性のポイントは、生臭さ、脂っこさを「流す」、濃い味を「和らげる」、といった考え方です。

ワインの世界にも、伝統的に料理との相性があまり考慮されていないケースがあります。たとえばドイツには、名産のソーセージに加え、アイスバイン（豚すね肉）やクネーデル（団子）、ヘリング（ニシン）などの地方料理がありますが、ワインと合わせて、という伝統はなかったようです。ワインは食事中ではなく、語らいとともに飲むのが習慣だったのです。

スペインには、全国に郷土料理とワインがあり、それが大変な魅力となっています。

そしてもう1つの魅力は、独自の食文化である、タパスです。タパスはシンプルな小皿料理です。特にバスク地方のタパス街は有名です。日本におけるスペイン・バルのブームは、このタパスの気軽さで火が点きました。

さて再び、スペインの旅に戻ります。ラ・マンチャを後にすると、リオハにやってきました。目的はワイナリー訪問と、もう1つ、タパス街に行くことでした。タパスとワインのペアリングを知り、堪能することです。

タパスというとバスク地方のサン・セバスチャンやビルバオが有名ですが、リオハにもタパス街があります。リオハ北部の主要都市ログローニョのラウレル通りを中心に、数多くの店が軒を連ねています。日本ではタパスを出す店をバルと呼んでいますが（とりあえずなんでもバルになっているような風潮もあり）、地元ではバルとは区別されていました。タパスはタパスが楽しめる店、バルはバーだそうです。

陽が沈んだばかりの早い時間にタパス街に繰り出すと、すでに多くの人で賑わっていました。スペインの夕食は遅く、21時頃です。そう考えるとタパスはレストランでの食事とは違うようです。タパスを1～2品頼んで、1～2杯飲んで、次の店へとハシゴします。呑兵衛にはぴったりです。椅子が置いてある店もありますが、たいてい立ち呑みです。店内がびっしり一杯でも、ひるまずに入って行くと、店の人も慣れていて「何飲むの？」と声をかけてくれます。

足元を見ると紙ナプキンや楊枝やらが散らかっています。でもこれは客のマナーが悪いのではなく、そういう習慣なのです。たくさんゴミが落ちている店は流行っている店という印になるのだそうです。そういえば日本でも江戸時代、鮨が屋台で楽しまれていた頃、客は指についた米粒を暖簾で拭いていったそうです。暖簾が汚れている店ほどいい店という印だった、という逸話がありますが、それとよく似ているなと思いました。タパス街はまさにスペインの呑兵衛横丁といったところなのです。

1杯1品でハシゴして、できるだけたくさんの店に行くのはなかなか楽しいものでした。なかには品数豊富なタパスや、美味しそうなキノコが何種類もカウンターに乗っているようなお店もあり、ついつい長居したくなります。対して、タパスは1品だけという店もあります。マッシュルームを鉄板にびっしり並べて、ガーリックソテーをしている店が一番繁盛していました。焼きあがったマッシュルームはバゲットの上に積み重ねられ、サーブされます。いたってシンプルなのですが、ああいった雰囲気の中で食べると大変美味しく感じられるものです。パドロンという甘唐辛子のソテーも定番のタパスです。日本のししとうによく似ています。またタパスには欠かせない生ハムですが、どの店も出しているわけではなく、特定の店で出しているようです。どうやら、タパス街の常連たちは、この店はこれ、ハムならあの店と、行く店、食べる店が決まっているようです。

さて、飲み物はというと、まずはバスクの微発泡酒チャコリか、シドラと呼ばれるシードルでしょう。どちらも酸味が強く、軽快な味わいです。地元で飲むからこそそつろいだ気持ちで楽しめて、飲みながら、バスクに来たんだな（リオハもバスクの一部です）、と実感することができました。

そして次はワインです。品揃えは店によって様々で、レストラン並みにズラリと揃えている店もあり高額なものもラインナップされています。とはいえ圧倒的に多いのは、地元のワイン、リオハでしょう。リオハというと、白も赤も力強さのあるワインです。しっかりと調理した、いわゆる本格的な料理と合わせるイメージのものです。また値段も決して安くはありませんから、やはりレストランのワインというイメージが強いようです。

タパスに合うワインというと、立ち呑みでワイワイ楽しく飲めるような気軽なものと思っていました。たとえばカスティーリャ地方のヴェルデホ種を使った軽快な白ワイン、ルエダや、ガリシア地方のアルバリーニョ種による爽快でほんのり磯の香りを持つリアス・バイシャスです。そして生ハムにはアンダルシアの名酒、シェリー。こういったものが私にとってはタパスのためのワインなのでは、と思いました。また同じくスペインのスパークリングワイン、カヴァなどは、まさにみんなが飲んでいるものと思っていたのです。

ところが実際は、そうではなかったのです。周りを見渡すと、リオハワインの入ったグラスをかたむけ、談笑する人で溢れていました。もちろん、軽めのワインも置いてありますが、やはり多く見られるのは、リオハワインを楽しむ人々の姿でした。

「リオハにいるのだから、地元リオハのワインを飲む、ということなんだろうな」

そう自分に言い聞かせて納得しようとしていました。

「だから、きっと本場中の本場、バスクのサン・セバスチャンのタパス街では、きっと違うんだろう」と自分なりに結論付けました。

なおその日、「タパスのハシゴ」を終えて、もう1杯とバルに入ったら、カヴァにレモンシャーベットを合わせたカクテルが出てきました。若い人たちに人気の飲み方だそうです。

こんなふうに、ワインについては予想に大いに反する、初のタパス街でした。

それから2年後、サン・セバスチャンを訪れる機会に恵まれました。もちろんタパス街に繰り出します。頭の中からはリオハでの記憶が離れませんでした。

さてサン・セバスチャンでのタパス料理はリオハのログローニョよりも多彩で、しっかりと魚料理や肉料理を出すレストランスペースがある店も目を引きます。

そしてワインはというと、ここでもやはりリオハだったのです。リオハとバスクは隣接していますので、地元の人たちにとっては一体感があるのかもしれませんが、リオハとバスク地方は個別のワイン産地と認識されています。ワインの品揃えはタパス同様多彩で、リオハと並び称される高品質なワイン、リベラ・デル・デュエロをオールドヴィンテージまで揃えている店もあります。スタートはバスクの微発泡酒チャコリか、シドラと呼ばれるシードル、というのは同じで、その後はリオハの白か赤という流れが定番のようです。

料理との相性はというと、理論的には接点はあまりないように思えます。けれどもそれは外の人間だから考えることで、店の人もお客のほうも、なんの違和感も覚えていないのです。もしかしたら、「このタパスにはこのワイン」、という程度のものはあるのかもしれません。しかし、計4日間のタパス街めぐりで、そういったペアリングの話を聞くことはありませんでした。

料理とワインのペアリングには、理にかなったものもあれば、理屈を超えて素晴らしいものもあり、そしてペアリングという概念があえてないものもあるのでしょう。私はタパス街めぐりを終え、そのように解釈しました。楽しく食べ、楽しく飲み、楽しく語らう。

それが、タパスの楽しみ方なのです。

## リオハワイン *Rioja*

リオハはスペイン北部に位置する、歴史ある世界的なワイン産地です。中心都市ログローニョからはサンティアゴ・デ・コンポステラの巡礼路が通っていて、礼拝堂などの史跡が残る、起伏に富んだ大変風光明媚な土地です。

北緯42度（45度付近がワイン名産地の条件の1つともいわれます）、標高が高く（300〜700メートル）、南部のデマンダ山脈が熱気を防ぎ、北部のカンタブリア山脈が湿った空気を遮るという地です。環境に恵まれた穏やかな気候から、世界に誇る銘醸ワインが生まれます。

19世紀後半、フィロキセラにより打撃を受けたボルドーの生産者たちが生き残りをかけてリオハにやってきました。こうしてボルドーの進んだワイン造りの技術がこの地にもたらされました。ブドウ品種はテンプラニーリョ、これもまたスペインを代表する赤ワイン用の品種です。がっしりとした骨格のボディと緻密な渋みが特徴の長期熟成型ワインとなります。

伝統的に長期熟成をさせてから（レゼルヴァで36ヵ月、グラン・レゼルヴァで60ヵ月）瓶詰めをし、出荷されるので、熟成感のある、複雑な風味が特徴的です。対して現代的な、熟成を短くした、フレッシュ感のある果実味を持ったものもあり、スタイルは様々です。

恵まれた環境、優れた技術、秀逸なブドウ品種、そして熟成による複雑さがリオハを語る上でのキーワードです。また近年、シングルヴィンヤード（単一畑のブドウ）にフォーカスしたワイン造りや、カヴァとは一線を画した独自のスパークリングワインの生産が始まるなど、今後もますます目が離せないワイン産地です。

## リオハワインと楽しめる料理

ラ・マンチャでも取り上げた乳飲み仔羊の料理が名物で、ブドウの枝で炙り焼きにしたり、鉄板焼きで調理されます。

ポチャスと呼ばれるチョリソと豆の煮込み、ピミエントス（赤ピーマンの肉詰め）なども定番で、パプリカを添えた、また唐辛子が利いた味のしっかりした料理と楽しめます。具体的には、前章の「スペイン・テンプラニーリョの赤ワインと楽しめる料理」をご参照ください。

## リオハワインのお勧め生産者

・**リオハ**

アルタディ（*Artadi*）
カンピーリョ（*Campillo*）
コンティーノ（*Contino*）
クネ（*CVNE*）
リンデス・デ・レメリュリ（*Lindes de Remelluri*）
マルケス・デ・ムリエタ（*Marques de Murrieta*）

◎マルケス・デ・リスカル（*Marques de Riscal*）
◎ムガ（*Muga*）
◎テルモ・ロドリゲス（*Telmo Rodriguez*）

bits of knowledge

ワイン豆知識 13

# 嬉しいコメント

「我々向けのワインレクチャーをしてもらえませんか？」と言われることがあります。彼らは経営者で創業社長や著名企業の幹部など、つまりトップビジネスマンです。こういった人々のコミュニケーションツールといえばゴルフですが、現代ではそれにワインも加わっているというのです。彼らから出された要望に、先輩経営者や気を使う相手にワインを振る舞われたとき何か気の利いたことを言いたい、というものがありました。最もよく聞く感想で、なおかつ振る舞った人（我々サービスをしたソムリエも）ががっかりするものが、「飲みやすい」と「さっぱりしてる」でしょう。これだと「味がない」「とりたててよいところがない」と言われている気分になるのです。「冷たくて美味しい」も褒め言葉になっていません。

例えば「とても滑らかですね」「爽やかですね」。明らかに高級なワインを飲ませてもらった場合は「深みのある味わいですね」、赤ワインなら「渋みはしっかりしているのに、きめが細かいですね」。これらは聞いていて嬉しいコメントです。もちろん心がこもっていないと、見破られてしまいますが。

第14章

# メンドサのミックスグリル

マルベック

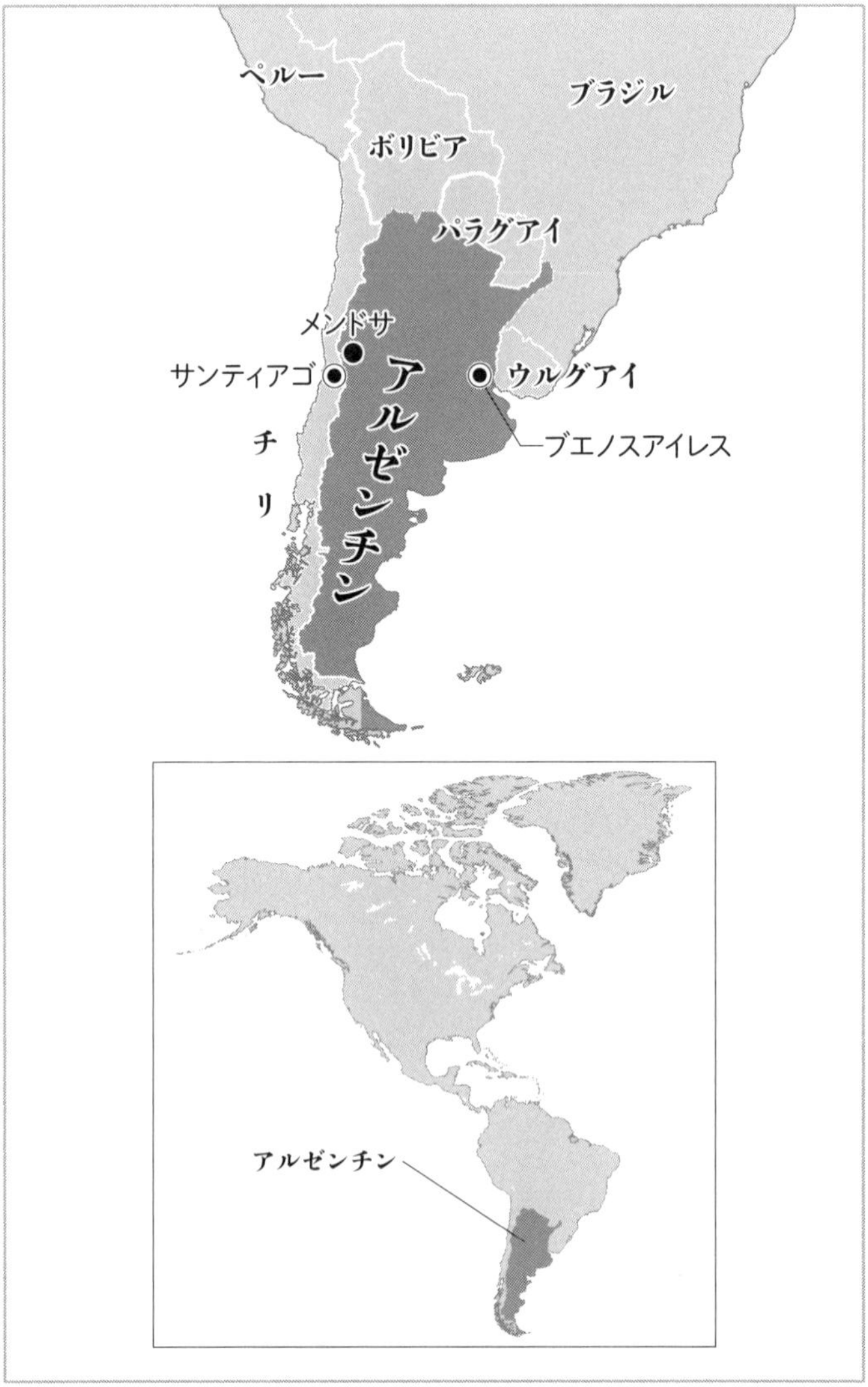
ペルー
ブラジル
ボリビア
パラグアイ
メンドサ
サンティアゴ
アルゼンチン
ウルグアイ
ブエノスアイレス
チリ
アルゼンチン

2016年4月、アルゼンチンの西部、アンデスの麓の都市、メンドサにやってきました。3度目の世界大会出場のためです。後輩の森さんの伴走のつもりという部分もありましたが、20代のほとんどすべてを懸けて挑み続けたコンクール、それも世界大会です。アスリートにとってのオリンピックです。生半可な覚悟で立ち向かうわけにはいきません。ましてや日本のソムリエの未来を担う責任もある身ですから、言い訳もできません。結果を出すしかありません。

半年前からルーティンの仕事はやめ、スポットの仕事程度に抑え、準備に集中しました。1ヵ月間パリのレストランで研修し、フランス語のブラッシュアップとテイスティングのトレーニングを重ねました。出発の1ヵ月前は、マンスリーアパートを借り、寝る時間以外は勉強にあてました。真っ暗な先の見えないトンネルを走り続けていて、隣のトンネルには誰かが走っているけれど、自分は前にいるのかどうかわからない。ただ前に向かって走るしかない。そんな心境でした。一方で、これで最後のコンクールにすると決めていましたので、期間中はコンクールも、その他のプログラムも丸ごと楽しもう、そのようにも決めていました。ともに出場する森さんは、数日前にメンドサ入りしていました。そしてトレーナーの中本聡文さん（ロオジエ シェフソムリエ）も到着しました。

こうして3人の最終トレーニングが始まりました。朝起きると、まず筆記試験対策の勉強をします。約束の時間に中本さんの部屋に集まり、ブラインドテイスティングをします。最終調整ですから、壁に向かって1人ボソボソと確かめるように、テイスティングコメントをしていきます。中本さんは我々の調子が狂わないように細心の注意を払い、ワインを選んでくれます。

唯一の息抜きは、食事でした。アルゼンチンといえばアサード（BBQ）です。特に牛肉が有名です。普段からあまり肉は食べないので、牛肉といわれても、ときめかない性分なのですが、前年下見のためにアルゼンチンを訪れた際、400グラムもの塊が出てきて圧倒されたことがありました。「絶対食べられない」と思いながらも、結局平らげてしまい、我ながら驚いた記憶がまだ新鮮に残っていました。アルゼンチンの牛肉は脂身がとても少なく赤身の旨味が特徴です。とてもさっぱりしていて、いくらでも食べられてしまうのです。「このパリジャーダ、1人前を分けてちょうどいいよね。あとたぶん、サラダも量が多いからシェアしようか」と中本さんが気遣ってくれます。パリジャーダとは、いわばミックスグリルで、ロース、スペアリブ、ソーセージ、スイートブレッド（胸腺肉）、鶏肉など日本人には考えられないほどの量が鉄板に山盛りになって出てくるのです。

コンクールの準備期間中は体調管理が必要なのと集中しなくてはならないことから、かなりのカロリー制限をしてきました。なので食べ物を見るとつい「抑えないと」と思ってしまうのですが、気が付くと、キレイに食べ終えていました。チミチュリというパセリや、ハーブとニンニクをオイルとヴィネガーで合わせたサルサ（ソース）は唐辛子が利いていたので、これでまた食が進んでしまうのです。驚いたことに、その翌朝、あれほどしっかり食べたにもかかわらず、胃はむしろすっきりしていました。

ワインはアルゼンチンを代表する赤ワイン、マルベックです。チミチュリとの相性も大変よく、マルベックを飲むと肉が進み、肉を食べるとマルベックが進みます。互いになくてはならない存在、そんな自然で心地よいペアリングです。

カロリー制限した食事を摂る日々において、唯一の楽しみが思いもよらずこうしたかたちで昇華された、忘れられない一晩になりました。

世界大会は様々な国で開催され、期間中、お国自慢とばかりに様々な名物が振る舞われます。国によっては、外国から来る人たちの嗜好には合わない料理が出されることもあります。そんなときはみんな、さえない表情になってしまうのですが、今回メンドサでは笑顔が溢れていました。アサードとマルベック、アルゼンチンが世界を魅了するペアリングなのです。

## アルゼンチンのワイン Argentine wine

アルゼンチンは南アメリカ大陸でチリと双璧を成すワイン産地で、近年著しい発展を遂げました。チリと隣接していることもあり、ワイン産地としては「チリ・アルゼンチン」という取り上げられ方をすることもありますが、気候、地勢、品種、トレードなど、特性は大きく異なっています。チリが温暖な地中海性気候なのに対して、アルゼンチンは大陸性気候です。またチリは海沿いやヴァレーフロア（渓谷の平地）に畑が拓かれていますが、アルゼンチンはアンデス山麓の標高1000メートルがざらにあるという高地の畑です。どちらでもシャルドネやカベルネ・ソーヴィニヨンが生産されていますが、アルゼンチンのスペシャリティであるマルベック、カベルネ・フラン、トロンテスはチリでは見つけられません。チリの生産者は商売上手（日本に輸出している）、アルゼンチンの生産者は職人気質《かたぎ》な雰囲気があります。ワインの消費はアルゼンチンのほうが圧倒的に多く、世界第9位のワイン消費国です。

マルベックはフランス南西部の品種です。カオールがその筆頭で通称「ブラックワイン」といわれるくらい、深みのある濃い色調が特徴です。そのマルベックがアルゼンチンで大成功を収め、現在ではマルベック＝アルゼンチンという認識が世界に広まりました。濃縮感があり、ジューシーなのに味わいのある赤ワインに加え、ロゼスパークリング、ロゼワイン、デザートワイン、そして白ワインも造られており、マルベックだけでフルコースが楽しめる、そんな汎用性の高さも魅力です。

日本にもアルゼンチン・マルベックは数多く輸入されています。コンクール期間中特別に開かれた中小規模生産者による試飲会で驚いたのは、生産者の数があまりにも多かったことでした。日本では規模の大きな生産者が紹介されていますが、いわゆるドメーヌ的な小規模の生産者はまだそれほど知られていないようです。これからどんどん紹介されていけば、アルゼンチンの新たな魅力となることでしょう。いずれにしてもマルベック一色という印象が本当に強い国です。

## マルベックの赤ワインと楽しめる料理

濃厚なワインは力強さが備わっているものですが、マルベックは渋みがきめ細かで、ジューシーな果実味が持ち味ですから、料理との汎用性が高いといえます。エンパナーダと呼ばれるミートパイとは、まさにテロワールのペアリングですし、チョリソのホットドッグ、〝チョリパン〟、さらには、地元ではラクダの炭火焼きもよく食べるそうです。とにかくBBQグリル料理といえばマルベックが楽しめるのです。アメリカ市場で人気なのはそういった理由もあるのだと思います。

- グリル・チーズハンバーガー
- ケイジャン・チキン
- カジキマグロのファヒータ
- 牛肉ラグー・ラザーニャ（ボロニェーゼ）
- ミートボール・タジン

# アルゼンチンのワインのお勧め生産者

- カサレナ（*Casarena*）
- カテナ・ザパタ（*Catena Zapata*）
- クロス・デ・ロス・シエテ（*Clos de Los Siete*）
- エル・エステコ（*El Esteco*）
- ノートン（*Norton*）
- スサーナ・バルボ（*Susana Balbo*）
- テラサス（*Terrazas*）
- トラピチェ（*Trapiche*）
- トリヴェント（*Trivento*）

bits of knowledge

ワイン豆知識 14

# ワイングラス

ワインを楽しむときに欠かせないのが、ワイングラスです。もちろん、家で気楽に飲むならコップでもよいのですが、上等なワインを楽しむなら気の利いたグラスがあると、より一層格別の美味しさを堪能できます。そしてグラスには実に様々な形状のものがあり、どれを買ったらいいか迷ってしまいますよね。個人的に最も気に入っているのは、テイスティンググラスと呼ばれるISO規格の小ぶりのチューリップ型のグラスです。ワインの香りを過不足なく感じることができます。味わいも凝縮した印象が強まります。

しかし、高級ワインには大ぶりのグラスのほうが気分が盛り上がります。スリムなフォルムのチューリップ型、丸みのあるバルーン型があります。前者はワインが口中にストレートに入ってきます。酸味が際立ち、渋みがより緻密な印象になります。ボルドー型とも呼ばれます。後者は香りがより広がり、味わいはふくよかな印象になり、ブルゴーニュ型と呼ばれます。ゴルフのクラブ選びと同じで「どんな風に飲みたいか」で選ぶとよいと思います。

# 第15章

# ウィーンのカツレツ

**グリューナー・フェルトリナー**

ドイツ
チェコ
ウィーン
オーストリア
ブルゲンラント州
グラーツ
スイス
シュタイヤーマルク州

オーストリア

16年ぶり3度目の世界大会は前回より順位を大きく落として、13位という結果で終わりました。日本の代表として出場した以上、満足とは到底言えるはずもないのですが、準備期間の3年はソムリエとしてこのうえなく充実した月日となりました。トレーナーの中本さんが用意してくれた世界中のワインの品質には、トレーニングするという身でありながら「これほどまでによくなっているとは……」と、幾度となく感動しました。

そして、世界大会の様相も大きく変わっていました。いや、別物になっていた、と言うほうが正しいでしょう。それまで世界大会とはいえ、圧倒的に優位なのはフランスを中心とした、イタリア、ドイツといったワイン伝統国で、コンクール期間中の公用語はフランス語でした。それが、英語に変わっていたのです。準決勝に進んだ選手でフランス語だったのは、私だけでした（仏語圏出身者は母国語以外を選択しないといけません）。歴代の世界最優秀ソムリエはみなフランス語でしたが、これからは英語の時代になることでしょう。

上位の顔ぶれも大きく変わっていました。北欧が優勢で、女性も多くいました。イタリア、スペイン、ドイツ、英国など、いわゆるワインの古豪《こごう》は早々に敗退したのです。時代の変化が急激なのはどの分野でも見られることですが、ワインの世界の変化の激しさをひしひしと実感します。

「数年経った知識や経験ではもう通用しない」

　ソムリエとしての残りの半生の格言となりました。ニューワールドだけではなく、第三国と呼ばれる中央・東ヨーロッパ、バルカン半島諸国、そして伝統国でも変化は起きています。あらゆる国に改めて興味を持って、情報や知識を更新してゆかなければいけない。そう強く思いました。


　ウィーンで2年に1度開催される大イベント「VieVinum」に招待されるという幸運に恵まれました。オーストリアの生産者が一堂に会しての大試飲会です。錚々《そうそう》たる顔ぶれがあちらこちらに見え、直接話を聞くことができるという大変贅沢な機会です。20年ぶりの訪問でしたが、ワインの品質向上については日本にいながらも実感はしていましたし、生産者の名前もわかっていました。日本未輸入の生産者も多数参加しているので、再認識、発見の機会をとても楽しみに会場へと向かいました。

「テイスティングをさせてもらえますか？」と挨拶に続けて言うと、「ダイジェスト？フルラインナップにする？」と聞かれました。

　オーストリアの生産者は、1つの品種で畑違い、階級違い、甘口まで生産しているところもあります。フルラインナップとなると、テイスティングは20アイテムにも及ぶところもあるのです。そこでダイジェスト、つまり全銘柄をテイスティングするのではなく、いくつか選りすぐったものにするかと、尋ねられるわけです。

大試飲会は、テンポが大切です。まずはダイジェストでテイスティングをし、感想を言ったり、質問をしたりしていると、たいていの生産者は気分も乗ってきて「バックヴィンテージもテイスティングしてみる?」と、リストにはないとっておきのワインを振舞ってくれることもあるのです。もちろん「Ｎｏ」はありません。結局、1箇所を20分くらいかけて、休むことなく、次々と回っていきました。

この貪欲さは、世界のソムリエ、世界レベルのプロフェッショナルから学んだものです。「テイスティングは喜び」。しかも、生産者が直々にサーブしてくれるのですから。こんな貴重な機会を逃す手はありません。結構ハードではありますが、かけがえのない、とても贅沢な時間を持つことができたのは大きな喜びでした。それでも「あー、あの生産者のところに行けなかったー!」という悔いは残ってしまいます。次回こそはしっかりプランを立ててもれなく回ろう、そう心に決めました。

最終日の夜は「ホイリゲ」にお招きいただきました。ウィーンは首都でありながらワイナリー（商業的に実質稼働している）がある、世界でも稀にみる生産地域なのです。リスボンやマドリッド、キャンベラなどもワイン生産地域ではありますが、ブドウ畑があるのは郊外です。ウィーンでは都心部からほど近く、車で30分ほどのところにワイナリーが設けられているので、ブドウ畑からウィーンの中心街とドナウ川を望むことができるという、珍しいロケーションです。

そんなウィーンの名物が、ホイリゲです。ワイナリーが軒先で開く、ワインと簡単な食事を楽しめる青空パブです。18世紀、ワインはビールに押されて停滞していました。そこでワインの振興のために講じられた策で、造り手の直売が認められ、それがのちにホイリゲとして発展していきました。毎年11月11日には新酒（＝ホイリゲ）が振る舞われます。それが観光名所にもなり、いまや風物詩でもあります。

料理はシンプルで、ハムやソーセージとチーズ、パンという感じです。干草で作られたクッションとテーブルについて飲むのは、ウィーンの名物、ゲミシュターサッツと呼ばれる白ワインです。ブドウ畑越しに見えるウィーンの都心部とドナウ川を眺めながらの至福のひととき。3世紀にわたって愛されたワインの、とっておきの楽しみ方です。

さて今度は、ウィーンの料理を紹介しましょう。

ヨーロッパに長きにわたって君臨した貴族の一門、ハプスブルク家のもと、ヨーロッパ諸国からもたらされた宮廷料理や各地の郷土料理が洗練されたものが、ウィーン料理と呼ばれているものです。

最も有名なのが、ヴィーナーシュニッツェル、仔牛のカツレツです。「VieVinum」の期間中、会場内のブュッフェにヴィーナーシュニッツェルがなかったことは一度たりともありませんでした。大変古い歴史のある料理で、13世紀頃イタリアからもたらされたといわれています。

ミラノでも仔牛のカツレツが有名です。元々は祝いの料理だったそうです。

この料理に合わせるワインというと、定石はグリューナー・フェルトリナーという品種で造られた白ワインです。オーストリア北部（ニーダーエスターライヒ）の主要品種ですから、いわゆるテロワールのペアリングということですね。グリューナーは濃厚なタイプもありますが、基本ドライでクリスプな酸味が持ち味の、軽快な白ワインです。一方のミラノでは、カツレツには赤ワインを合わせます。もちろん、肉とはいえ、ソースは使わずレモンを搾っていただくというシンプルな料理ですから、力強い渋みは不要でしょう。

オーストリア北部にはツヴァイゲルト、ザンクト・ロレントといったスムーズな赤ワインがあります。そのほうが相性がよいのだろうなと思っていました。

そこで早速、宿泊先からすぐのところにあるウィーン料理のレストランへ検証に行きました。1人だったのでグラスでグリューナーを頼み、次いで赤を試してみるつもりでした。

運ばれてきたヴィーナーシュニッツェルはきれいな小麦色をしていて、さっくりと揚がっています。日本のトンカツのように整形されておらず、薄く延ばした衣（セモリナ粉）をまとった仔牛肉が波をうっています。「いい店に入ったな」とほくそえんでいると、おやっ？　と気を引いたのが、付け合わせでした。ハーブのマーシュを用いたサラダ、これは肉料理によく添えられるのですが、しっとりと炒め煮されたジャガイモがサイドディッシュとサーブされたのです。それも結構な量です。「これは赤ワインだ。予定通り注文しよう」と思いました。ジャガイモは赤ワインがよく合うのです。

レモンを搾ってカツレツとグリューナーと合わせてみました。確かに美味しい。仔牛肉は白身に近いですし、薄く延ばしていること、レモンの風味、マーシュサラダにより白ワインに寄り添っていました。

しかし、これまで味わってきたテロワールのペアリングに比べると、どこか物足りなさを感じていました。「あ、そうかジャガイモも食べなきゃ、こんなにあるのだから」とばかりに、早速食べてみると、ジャガイモは酸味が利いていました。そして改めてカツレツとグリューナーを合わせてみると、先ほどまで感じていた物足りなさは、一瞬にして感動に変わりました。ジャガイモが加わることで料理とワインがグンと近づいて、口中に旨味が広がったのです。

「そうか！　これなんだ!!」

それからは、赤ワインを頼むどころか、夢中になって料理とグリューナーを味わっていました。ジャガイモは牛肉のブイヨンで煮て、ヴィネガーで調味されており、店の人曰く、「バルサミコとマスタードで和えたマーシュとこのジャガイモが伝統的な付け合わせ」ということでした。

赤ワインが定番のカツレツが、ミラノからウィーンにやってきて、そこで白ワインと楽しむための工夫が施され新たな食文化となる――。

歴史、気候風土、人の融合により生まれた、まさに究極のペアリングと出会いました。

## オーストリアのワイン *Austrian wine*

オーストリアのワインはドイツの影響を強く受け、ワイン法、呼称制度、ブドウ品種、ワイン造りなど、類似しているところが多くあります。しかし、ドイツというと冷涼気候ですが、オーストリアは東に隣接するハンガリーのパンノニア平原から、また地中海から運ばれてくる暖かい空気により、ドイツよりは気候が温暖です。1998年にオーストリアを訪れたとき、6月だというのに連日35℃を超える暑さで、驚きました（このときは異常気象だったようですが）。今回も、やはり半袖で歩いていても汗が止まらないほどの暑さでした。つまり、ドイツよりもブドウの成熟度の高いワインとなります。

またドイツといえば甘口、半甘口で知られていますが、1985年に起こった不凍液混入というスキャンダルが、オーストリアワインの今日のスタイルに大きな影響を与えることとなりました。当時のワインは不凍液によって口当たり甘く仕上げられていたのですが、その汚名を晴らすためにも、辛口であることが求められたのです。しかし同時に、そのスキャンダル以降、より透明性の高いワイン造りに取り組むようになり、品質向上への転換という好機になったのです。今日、オーガニックの生産者も多く、ブドウ栽培にフォーカスしたワイン造りがオーストリアの特徴ともなっています。

グリューナー・フェルトリナーはオーストリアの土着品種です。透明感のある、清々しい白ワインで、白コショウの香りが特徴です。また成熟度の高いものは、アプリコットの香りを持った濃密なスタイルとなります。ニーダーエスターライヒは品質の高いリースリングも生みます。クリーンな果実味とストレートな酸味が持ち味で、濃厚なものはミラベル（黄スモモ）の香りを帯びます。

ウィーンといえば、ホイリゲで楽しまれるゲミシュターサッツ。これはグリューナー、リースリングをはじめ、ウィーンで伝統的に栽培されているブドウをブレンドしたワインです。ゲミシュターサッツとは、「混植」といって、1つのブドウ畑に雑多に植えられている品種を総称したものです。元々はホイリゲ用の軽く、飲みやすく安価なものだったのですが、近年ヴィーニンガーらウィーンを代表する生産者たちが牽引し、高品質なワインが造られるようになりました。その結果、独立した原産地呼称がワイン（品種）名として認められているという、首都の生産地とともに大変ユニークな存在となっています。

ウィーンの南にはブルゲンラント地方が広がり、ツヴァイゲルトとブラウフレンキッシュという土着品種から風味豊かな赤ワインが生産されています。そのさらに南のシュタイヤーマルク地方ではソーヴィニヨン・ブランから造られる高品質な白ワインがスペシャリティで、どちらも注目です。

## オーストリアのワインと楽しめる料理

ウィーン料理としてヴィーナーシュニッツェルと双璧をなすのが、ターフェルシュピッツという牛ランプ肉の煮込みです。煮込みといってもシチューのようではなく、肉塊がしっかり残った状態で仕上げられ、牛肉自体を味わう料理です。これにはリースリングが合います。またしても、肉とドライな白ワインです。

こちらにもやはり工夫があって、ホースラディッシュとすりおろしリンゴが添えられます。ホースラディッシュの香りと辛味、リンゴの風味が、リースリングと牛肉をつないでくれます。

ゲミシュターサッツは多種のブドウの個性が調和していて、アジアン料理、エスニック料理と大変よく合います。ウィーンでは人気のベトナメーゼ（ベトナム料理店）があって、ゲミシュターサッツと本当に美味しく味わえます。

グリューナー・フェルトリナー、リースリングはドナウ川流域の産地ということもあり、川魚、淡水魚とよく合いますし、名産でもあるホワイトアスパラガスともとてもよく合います。

## オーストリアのワインのお勧め生産者

**・ニーダーエスターライヒ**

- ニグル（*Nigl*）
- フランツ・ヒルツベルガー（*Franz Hirtzberger*）
- クノール（*Knoll*）
- P.X.ピヒラー（*P.X.Pichler*）
- プラーガー（*Prager*）

**・ウィーン**

Ⓟヴィーニンガー（*Wieninger*）

Ⓟマイヤー・アム・ファールプラッツ（*Mayer am Pfarrplatz*）

bits of knowledge

ワイン豆知識 15

# グラスの回し方

ワイングラスを手にすると無意識のうちに回してしまう人は多いのではないでしょうか。香りを広げる、というのがその目的です。それを必ずする必要があるかといえば、そんなことはありません。むしろ回さないで飲むほうが、粋といえるでしょう。ほとんどの場合、グラスを回してもワインに大きな変化は起きません。そう言いながらも、私もグラスを全く回さないわけではありません。2〜3回転ほどゆったりと回し、1秒ほどおいて香りを楽しむこともあります。飲むたびに回す必要はありません。香りをより楽しみたいと思ったときに限ったほうがよいでしょう。グラスを持って、手首をやわらかく、しなやかに回すと見映えがよいです。

「ワインをこぼしたときに隣の人にかからないように自分に向かって回す」とよく言われますが、ワインが隣の人にかかるほど強く回すこと自体が問題です。

ブルゴーニュのある著名な生産者から聞いたのは、香りは分子構造上、反時計回りに螺旋状に連なっているので、グラスを反時計回りに回すことで香りは上昇するとのこと。これはとても信憑性があると思います。

# 第16章

# ジョージアの歓待

ルカツィテリ・クヴェヴリ

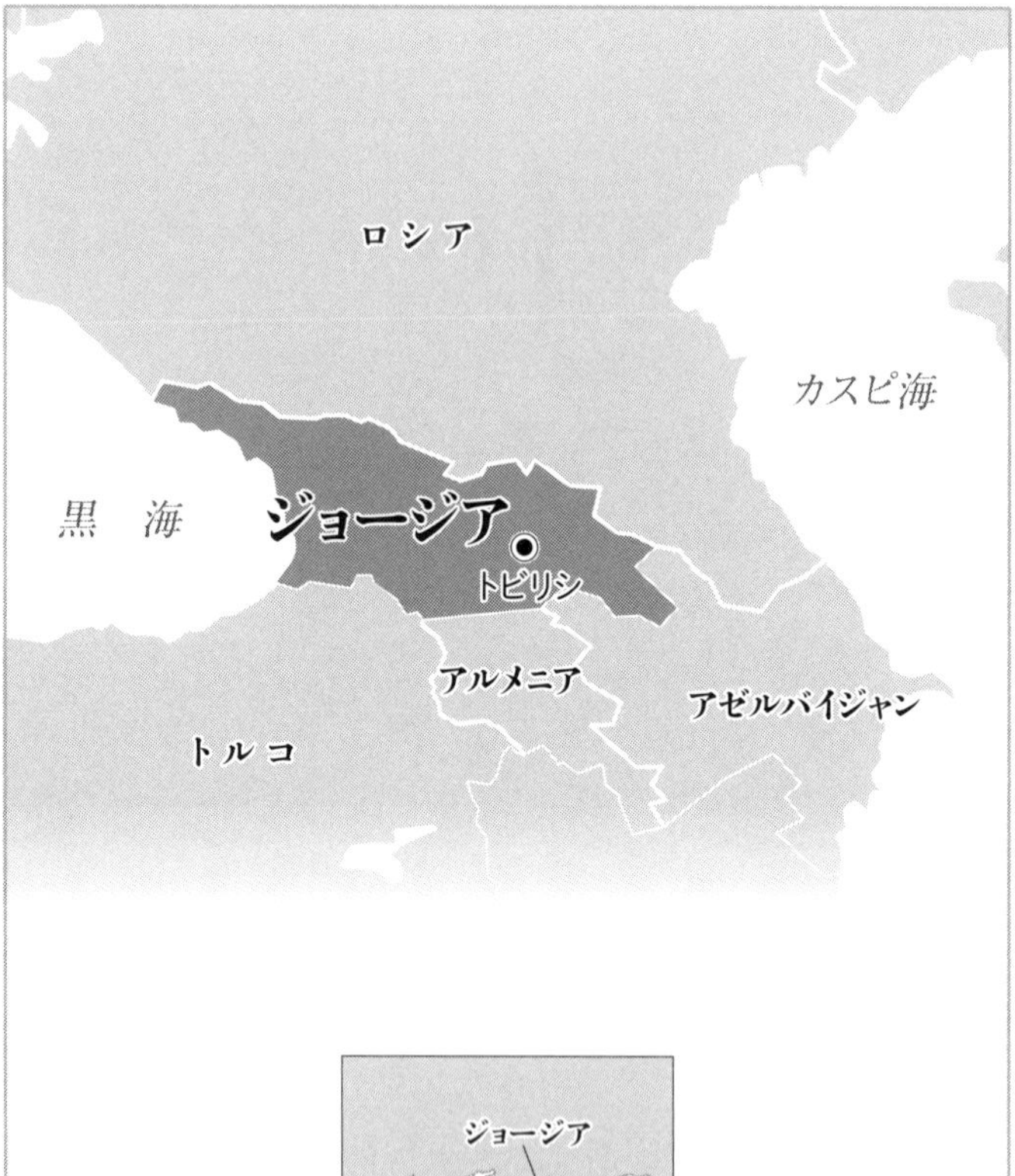
ロ シ ア
カスピ海
黒　海
ジョージア
トビリシ
アルメニア
アゼルバイジャン
トルコ

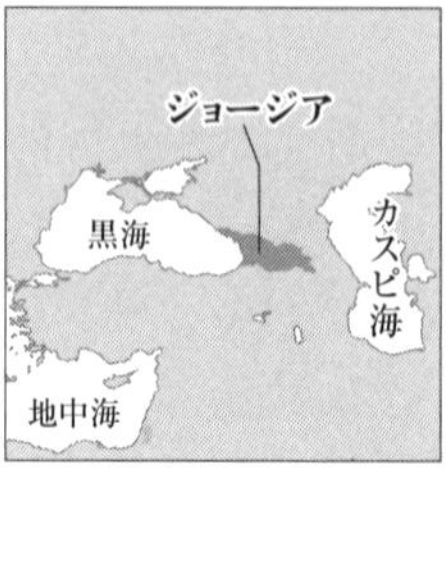
ジョージア
黒海
カスピ海
地中海

世界コンクールへの再挑戦で得た数々の教訓から、よりワールドワイドにワインと向き合うこと、多様性こそワインの魅力であるということが、新たな原点と思うようになりました。

2016年6月、今橋英明シェフ、平瀬祥子パティシエールとともにレストランL'aube（ローブ）を開業しました。ワインリスト、およびペアリングコース（コースメニューの1皿に1種のグラスワインを合わせる）にも、世界の様々な国のワインが並んでいます。ペアリングにはフランスワインが入らないこともあり、お客様にはよく驚かれます。3年間で取り扱ったワインは、30ヵ国にも及びます。

翌年、古くからの友人でもある新川義弘さんからお声掛けいただき、新川さんが起業したレストラン会社HUGE（ヒュージ）のコーポレートソムリエに就任しました。東京を中心に28店舗展開して（2019年9月現在）大変な成長を続けており、スパニッシュ・イタリアンをコンセプトにしたリゴレットは非常に著名でどの店も大繁盛しています。就任して最初の大仕事は、このリゴレット全12店舗の統一ワインリスト作成でした。世界の国々のワインをブドウ品種ごとにラインナップしたリストは「The World」と名付けられました。

さてかねがね親しくお付き合いさせていただいている大橋健一さんより、魅力的なお誘いがありました。ちなみに大橋さんとは、日本在住の日本人として唯一マスター・オブ・ワイン（ＭＷ）の称号を持つ方です。

「石田さん、ジョージア（グルジア）に一緒に行きましょう」

大橋さんはジョージアワインのアンバサダーを務めていらっしゃいます。いつもお忙しいのでなかなかご一緒する機会も少ない大橋さんとの旅は、このうえなく魅力的。二つ返事で参加希望の意を伝えました。そして、カタールを経由して、ジョージアの首都トビリシへと向かいました。

ジョージアはロシアの南、コーカサス山脈の南嶺にあり、地理的には西アジア・東ヨーロッパに区分されています。

ジョージア語という独自の言語を持つこの国は「シルクロードの宝石」とも呼ばれ、ユーラシアの交差点のような、様々な国の文化が共存している地です。金鉱で栄えた歴史もあり、首都トビリシはその栄華を感じさせる独特の雰囲気を持っています。

みなさんはジョージアというとイメージするのはなんでしょうか？　近年では大相撲で活躍する栃ノ心の出身地で、ジョージア相撲も紹介されましたから、ジョージアといえば相撲、という人が多いかもしれません。ジョージアはモードの地としても知られています。バレンシアガのアーティスティック・ディレクター、デムナ・ヴァザリアがジョージア出身ということで注目されたそうです。

トビリシの街並みは大変ユニークで、右側がロシア風、左側がヨーロッパ風の街並みという通りもあります。またあちらこちらにアーティスティックな壁やユニークなオブジェや建造物も見つけられます。対照的に近代的なビルや橋もあります。世界中を旅して見たわけではありませんが、この様々なものが入り混じった一種独特の雰囲気は、他の国では出会ったことがありませんでした。

こういったミックスカルチャーな個性は、料理にも表れています。ヨーロッパ、アジア、中東の交差点であることを感じさせるのです。イタリア、ギリシャ、トルコ、中華料理。それらすべてがジョージア料理の中に溶けこんでいるのです。とりわけ、西アジアの影響が特に見られます。

また、ジョージアといえば、土着品種のブドウの宝庫です。きっとユニークで、感動のペアリングに出会える、そんな期待に胸を膨らませながらテーブルにつきました。

ほどなく、料理が次々と運ばれてきました。あっという間にテーブルに隙間がなくなってしまうほどの量でした。

色とりどりのプハリは前菜の定番。様々な野菜とナッツのペーストで、スパイスが利いています。タコスシェルのような焼いた生地に乗せられています。店によってはココットに入っていてパンや野菜をディップして食べます。

そして、グリークサラダ。ギリシャの定番ですが、ジョージアでも必ずといっていいほど食卓に並びます。トマト、キュウリ、オリーブの色鮮やかなサラダです。

トルマは、オリエンタルスパイスの利いた鴨ひき肉をブドウの葉で包んでロール状にしたものです。

またハチャプリはピザ状のパンで、フォカッチャかピタパンに似ていて、チーズが練りこんであります。有名なヒンカリは小籠包そのもの。生地は厚くしっかりしているので、手で持ってスープをすすってから食べます。

メインディッシュも豊富にあります。ロビオは赤インゲン豆など豆類と香味野菜のシチューで、ハーブやスパイスが利いています。この料理にはムチャディというトウモロコシ粉のパンがお供です。メインでもあり、サイドディッシュにもなります。

チャカプリも大変ポピュラーなシチューで、仔羊または牛肉をタラゴンとプラム、クレソンや野菜と煮込んだものです。グリーンの食材を使うのが特徴です。チャナヒもまたシチューです。仔羊をナス、ジャガイモなどとともにトマト煮にしたものです。

またムツヴァディは串焼きのＢＢＱ料理で、主に豚肉や羊、仔牛が使われます。ザクロでマリネしてあるのが特徴です。ジョージア料理にはザクロが本当によく使われています。トケマリはジョージアの食卓には欠かせない野生のサワープラムソースで、赤と緑の2種あります。ＢＢＱ料理やジャガイモにかけていただきます。シュメルリはチキンをミルクとニンニクソースで調理した料理です。

こういった大変ユニークな料理が大皿で所狭しと並ぶのが、スプラと呼ばれる伝統的なジョージアの宴席、おもてなしなのです。

ワインも料理と同じく、個性豊かなブドウ品種を使ったものが何種類も用意されます。つまりジョージアの食卓には、これまで紹介したような郷土料理との伝統的なペアリングは明確にはありません。しかしフランスやイタリアのように、ワインは料理とともにあるのです。

ジョージアにはヨーロッパスタイルと呼ばれるスタンダードなワインに加えて、クヴェヴリ（*Qvevri*）という伝統製法による特徴的なワインがあります。

今回訪問したワイナリーはこのクヴェヴリに特化している生産者も多く、食事でもクヴェヴリが多く出されました。ジョージアは魚料理が少ないこともあり、白ワインでもクヴェヴリのものは肉料理と楽しみます。しかし生産の多くを占めるヨーロッパスタイルのワインも料理との相性は非常に汎用性が高いとも思いました。

ジョージアの主要なブドウ品種に、ルカツィテリがあります。甲州と共通した風味を持ち、日本料理もしくは素材感のある料理、フレッシュな前菜などと大変よく合うはずです。クヴェヴリのワインも、前菜、サラダ、スープ、白身肉といった上品な味付けの料理と合わせられます。

またムツヴァネという白ブドウ品種は非常に幅広く料理と合わせることができ、そういう意味ではジョージアの食卓に1本選ぶとすれば、間違いなくこのムツヴァネでしょう。肉料理、特に煮込み、スープ仕立ての鶏肉、兎、豚と一緒に楽しむことができます。ジョージア料理と合わせると、ほっこり安心するようなハーモニーが感じられます。トケマリ（プラムソース）との相性も大変よいです。

赤ワインの主要品種、サペラヴィは牛肉、仔牛、仔羊などのＢＢＱ料理と合わせるとよいでしょう。こちらもトケマリと大変よく合います。またレバー料理ともよく合わせられていました。

料理とワインのハーモニーも感動的なのですが、ジョージアの人たちにとって大切なのは、ペアリングよりも、食べて欲しい、飲んで欲しい、楽しんで欲しいという思いに溢れた、歓待の精神なのです。

ワインの世界は本当に多様です。ソムリエを志してから約30年。ワインはじまりの地、ジョージアで、「ワインは食卓の団欒に最も大切な飲み物である」という原点に立ち帰った旅となりました。

## ジョージアワイン *Georgian wine*

ジョージアワインを取り上げることを、ブームと感じていらっしゃる方は少なくないと思います。「ジョージア、いま流行っていますよね」とお客様からもよく言われます。しかし、これはブームというものではなく、ソムリエとして取り上げるべきものと申し上げたい。

これまで「ワイン起源の地」には諸説ありました。「エノトリア・テルス」の異名を持つイタリア、古代からワインが文化となっているギリシャ、加えてルーマニアなど「我が国こそ、世界最古のワインの地」という国が複数存在していたなかで、ワイン造りが紀元前6000年に遡るという事実が、1985年に発掘された甕《かめ》により考古学的に証明されたのが、ジョージアです。それは（今日確認されている）イタリア、ギリシャ、ルーマニアをはるかに上回る歴史であり、2017年にはさらに古いとされる甕も見つかっています。しかし、ジョージアのワイン産出国としての存在感はこれまであまりに薄く、特に日本においては皆無に近いものでした。

ワインを学び、生業《なりわい》としている我々にとっては、ビッグニュースであり、ワインを学ぶ指標が変わったと言っても過言ではありません。つまり、これは一過性で片付けてはいけないものなのです。物事をよりよく知るにはルーツが大切なのは言うまでもありません。

長い間ソビエト支配下にあり、頻発する紛争とゴルバチョフのアンチアルコールイズムから停滞を余儀なくされた国々の中で、ジョージアはワイン造りを途絶えさせることはありませんでした。兵士たちは戦いに出るとき、腰にブドウのツルを巻いていき、たとえ殺されたとしても、そのツルからやがて根が伸び、ブドウが実ることを願ったという逸話もあります。

そんなジョージアで有名なのが、最古の醸造法といわれる「クヴェヴリ」です。2013年に世界文化遺産にも登録されたことで、よく知られるようになった大変ユニークなワイン製法です。重要なのが、8000年前から行われている、つまりワインの起源の頃の製法が現在も続いていることです。クヴェヴリは粘土製の甕を地中に埋めて発酵を行う、という伝統製法です。赤ワインも造られます。

最近「オレンジワイン」が注目されています。通常の白ワインはプレスしてジュースのみを発酵させるのに対して、果皮を漬け込むことでその成分を取り込んだのが、オレンジワイン（またはアンバーワインともいいます）です。ですが、クヴェヴリワインは、オレンジワインとして一括りにできるものではありません。

このオレンジワイン、またはアンフォラ〔古代ギリシャの双取っ手の壺〕で醸造・熟成させたワインの生産者にはナチュラル派が多く、酸化熟成が進んだものが見られますが、クヴェヴリは必ずしも酸化的なものではありません。クヴェヴリでの醸造は安定した発酵、着実な抽出がゆっくりと進みます。オレンジワインはトレンドの要素もありますが、クヴェヴリはジョージアの造り手にとって伝統であり、最善の醸造方法なのです。

こうして生まれるワインは芳香豊かで、豊潤で風味に富んだ味わいとなり、白、赤のいずれも収斂性のある渋みが特徴です。

## ジョージアワインと楽しめる料理

クヴェヴリワインは、その容器のなかで長い間酵母とともに醸造されますので、麴のような風味を持ちます。ですので発酵食品、発酵調味料との相性が大変よく、和食、アジアンがとてもよく合います。オレンジワインと肉料理を合わせるのはトレンドでもあります。

・ルカツィテリ

- 塩麴漬け豚肉のソテー
- サワラの西京漬け
- すき焼き
- 鶏肉 XO醬煮込み

・**ムツヴァネ**

鶏肉、またはブリの照り焼き

手羽先餃子

牛肉 ナンプラー炒め

・**サペラヴィ**

黒酢の酢豚

レバーの甘辛煮

麻婆豆腐

牛肉 豆豉醤炒め

## ジョージアワインのお勧め生産者

ストリ（*Stori*）

ⓒオルゴ（*Orgo*）
ⓒギウアーニ（*Giuaani*）
ⓒシャラウリ（*Shalauri*）

bits of knowledge

ワイン豆知識 16

# ワイントーク

ワインを語る、ということは諸刃の剣で、見識があることを示せる半面、それが人を遠ざけてしまうこともあります。私は知ったかぶりをして物事を話すタイプなのですが、ワインに関しては控えるようにしています。知らないことは知らない、わからないことはわからないと、臆せず言うようにしているのです。「ワインの本を書いておきながら……」と言われてしまいそうですが。なぜかというと、ワインのすべてを知り尽くしている人は世の中にいないと考えているからです。

ワインを勉強していく過程で、いつの日かどんなことにも答えられるソムリエになろうと意気込んでいました。幸運なことに、日本で最優秀ソムリエになり、アジアでもなり、世界でも3位になりました。素晴らしいプロの方々と会う機会に恵まれたのですが、誰一人「ワインでわからないことはない」と言う人はいないのです。むしろ「どれだけ知らないことが多いかを知って愕然とする」と言います。全くもって同感です。ワインについては、「それは知りませんでした」が最もよいワイントークなのです。

# おわりに

私は、ワインに魅了されたからではなく、ソムリエという職業に就きたくてワインを学び始めました。ワインの世界は途方もなく広く、覚えることが無限にあるように思います。

実は初めのころは、ワインと料理との相性については、それほど興味はありませんでした。というより、そんな余裕は到底なかったというほうが正しいかもしれません。ワイン産地やブドウ品種を覚えることに明け暮れていました。今思えば、「ワインの魅力は」ということをきちんと考えることもなかったような気がします。


ソムリエを志し、初めてワイン産地を訪れたのは1991年のことでした。そのとき、私はすでにワインの本を何冊も読んで勉強していました。当初、そんな机上で得た知識と実際現場で見聞きしたことに、あまり乖離はないように思えました。

ところが現地を歩くにつれ、自分が何も知らないということを思い知らされたのです。

そもそも私は、ワイン産地を訪れることが何を意味するのか、旅を通して何が得られるのか、わかっていなかったように思います。

まず駅を降りたら、すぐ目の前にブドウ畑が広がっているわけではありません。ときには長い移動時間をかけて、ようやく行き着きます。そして、同じ産地でも、ワイナリー同士が遠く離れていることも珍しくないのです。

また、ブドウ畑はいつも同じ風景かといえばそうではありません。桃やアンズの木に囲まれているブドウ畑もあれば、オリーブの木や松が畑を縁どっていることもあります。目の前に真っ白な岩肌の絶壁がそびえる畑もあれば、海風が運ぶ潮の香りただよう畑もあります。

造り手もいろいろです。約束に5分遅れるとイヤミを言われることもあれば、「それじゃあ午前中にね」と時間を指定しない人もいたり、また着くなり「ビールでもどう?」と言う人もいたりするなど、造り手たちの気質も様々なのです。

そして料理も、ワイン産地訪問に欠かせない大切な要素です。ワイン産地の人たちは食べることが本当に大好きです。ブドウ栽培、ワイン造りはとても大変な仕事です。せっかく実ったブドウが収穫目前の雨で台無しになってしまうこともあれば、我が子のように慈しんで造り上げたワインであっても、「イマイチだね」と評論家（または評論家気取りの人たち）に一蹴されてしまうこともあります。

しかし、自分のワインと地元の料理をともに味わえばすべてが報われる、そんな思いを抱く造り手にもずいぶん多く出会ってきました。料理とワインの、特別な「関係」を目の当たりにできたように思います。

このように、ワイン産地を訪問するということは、移動、風景、造り手、料理といった、ブドウ畑を取り巻くあらゆるものを見て、識り、体験するということなのです。私はワインゆかりの地を旅することで、そのことを徐々に理解できるようになりました。

その土地の気候風土、歴史、文化によって育まれたワインは、その地の郷土料理とともに楽しむために発展してきたといっても過言ではありません。美味しいワインが生まれる地には、美味しい料理が必ずあります。ワインを識り、学び、その地に憧れる。そしていつかその地を訪れ、ブドウ畑の風景とワインを堪能し、地元の料理を味わう――。

このときこそ、ワインの楽しみが完結する瞬間といえるでしょう。

本書では、私の約30年にわたるソムリエとしての歩みを振り返りつつ、魅力あるワイン産地で体験したことを紹介するという、そんなソムリエの旅をご一緒していただきました。ワインの魅力を再発見していただければ嬉しく思います。

最後まで読んでくださって、ありがとうございました。

2019年9月

石田　博

**石田　博**（いしだ・ひろし）

1969年東京生まれ。1990年「ホテルニューオータニ」入社、1994年より「トゥールダルジャン 東京」配属。1996年・1998年の全日本最優秀ソムリエコンクール優勝、2000年世界最優秀ソムリエコンクール第３位入賞。その後、「ベージュ アラン・デュカス東京」総支配人、「レストラン アイ(現KEISUKE MATSUSHIMA)」シェフソムリエを経て、2014年に再びソムリエコンクールに挑戦。2014年全日本最優秀ソムリエコンクール優勝、2015年アジア・オセアニア最優秀ソムリエコンクール優勝、2016年世界最優秀ソムリエコンクール セミファイナリスト。その年の６月、東京・東麻布「Restaurant L'aube（レストラン ローブ）」を開業。（一社）日本ソムリエ協会副会長として人材教育を中心に活動。現在「ホテル雅叙園東京」顧問、「HUGE」コーポレートソムリエ。2014年内閣府 黄綬褒章を受章。著書に『10種のぶどうでわかるワイン』（日本経済新聞出版社）、『テイスティングは脳でする』（日本ソムリエ協会 中本聡文氏との共著）、『ワインの新スタンダード』（世界文化社）がある。

**ソムリエが出会った16の極上ペアリング**

2019年11月10日　初版印刷
2019年11月20日　初版発行

著　　者　石田　博
発 行 者　金田　功
発 行 所　株式会社 東京堂出版
〒101-0051　東京都千代田区神田神保町1-17
電　話　(03)3233-3741
http://www.tokyodoshuppan.com/
装　　丁　坂川栄治＋鳴田小夜子（坂川事務所）
D T P　株式会社 オノ・エーワン
地図製作　藤森瑞樹
印刷・製本　中央精版印刷株式会社


ISBN978-4-490-21019-4 C0077